図解プレミアム

眠れなくなるほど面白い

宇宙の話

天文学者・国立天文台上席教授
監修 渡部潤一
JUNICHI WATANABE

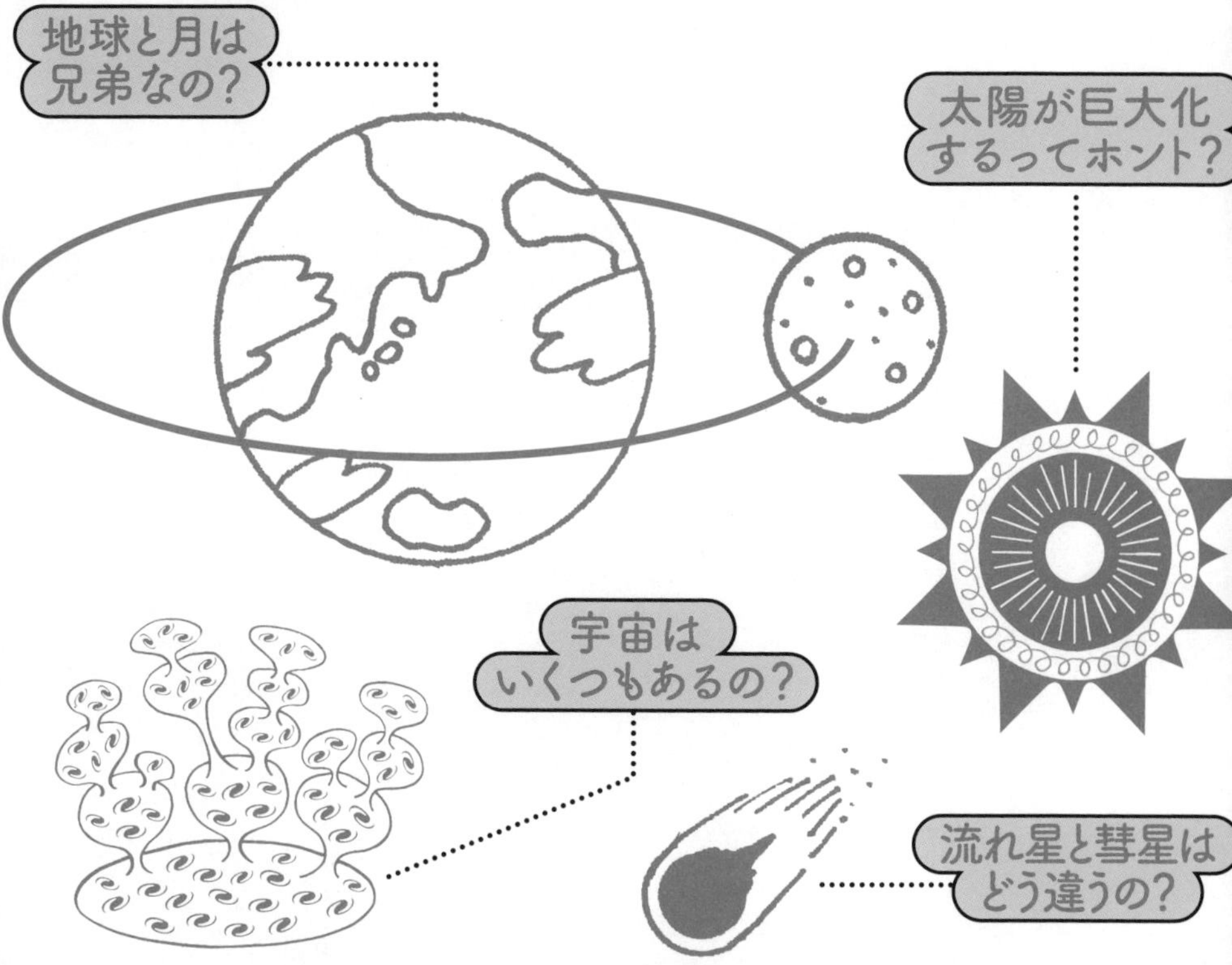
地球と月は
兄弟なの?
太陽が巨大化
するってホント?
宇宙は
いくつもあるの?
流れ星と彗星は
どう違うの?

日本文芸社

はじめに

本書の前身である『図解　眠れなくなるほど面白い　宇宙の話』が世に出たのは2018年のことでした。それから、まだ5年しか経過していないのですが、その間にもさまざまな発見があり、宇宙に関する理解が進みました。

ブラックホールの影の撮影の成功や、ジェイムス・ウェッブ宇宙望遠鏡の打ち上げと、それによって撮影された最新の画像を目にすることができるようになりました。目を見張るような画像がニュースに流れる中で、興味を惹かれる人も多いかもしれません。あるいは皆既月食など、誰でも眺められる天文現象を目の当たりにして、ほかの天文現象も見てみようと思う人もいることでしょう。中秋の名月や、スーパームーンだけでなく、季節ごとの満月につけられたロマンティックな名前に惹かれ、眺める人もいることでしょう。

ただ、これらのニュースや天文現象に興味をもっても、なかなか本を買ってまで読むのは難しそうだと、尻込みしてしまう人も多い気がします。なにしろ、本屋さんで宇宙を取り扱う書棚に行くと、いかにも難しそうな本がたくさん並んでいますよね。マニアならまだしも、一般の方には宇宙や天文学は、まだまだ難解な分野なのかもしれません。

そんな方々、まさに天文学の本は難しいなぁ、と思ってしまうような方向けに編まれたのが前身の『図解　眠れなくなるほど面白い　宇宙の話』に新たな項目を加えた本書です。

宇宙について、誰もが一度は思いつく単純な疑問をベースにして、その疑問にわかりやすく答えています。最新の研究成果も踏まえ、正確性を担保しながらも、細かな説明を思い切って省略して、また紹介するテーマも絞った上で、豊富なイラストを用いて、最新の宇宙の姿を読者の皆さまにお伝えしようとしています。

我々が住む地球の生い立ちから、衛星である月について、我々に恵みを与えてくれる母なる太陽、そして地球の仲間たちである惑星の素顔、星座をつくっている恒星と天の川銀河、そして宇宙の始まりから終わりまでの宇宙論に至る61本のトピックスによって、現在の天文学・宇宙科学のほぼ全分野をカバーしています。

さらには天体観察のノウハウなども新しく追加し、実際に星空を見上げる機会を皆さんにももってもらいたいと思っています。

本書を手にとり、お読みいただくことで、最新の宇宙の姿についての知見を知り、理解を深めていただくだけでなく、日進月歩の天文学の奥深さや面白さ、その魅力を感じていただければ、そして実際に頭上に広がる星空に親しんでいただければ幸いです。

2023年11月

天文学者

国立天文台上席教授　渡部潤一

私たちの太陽系

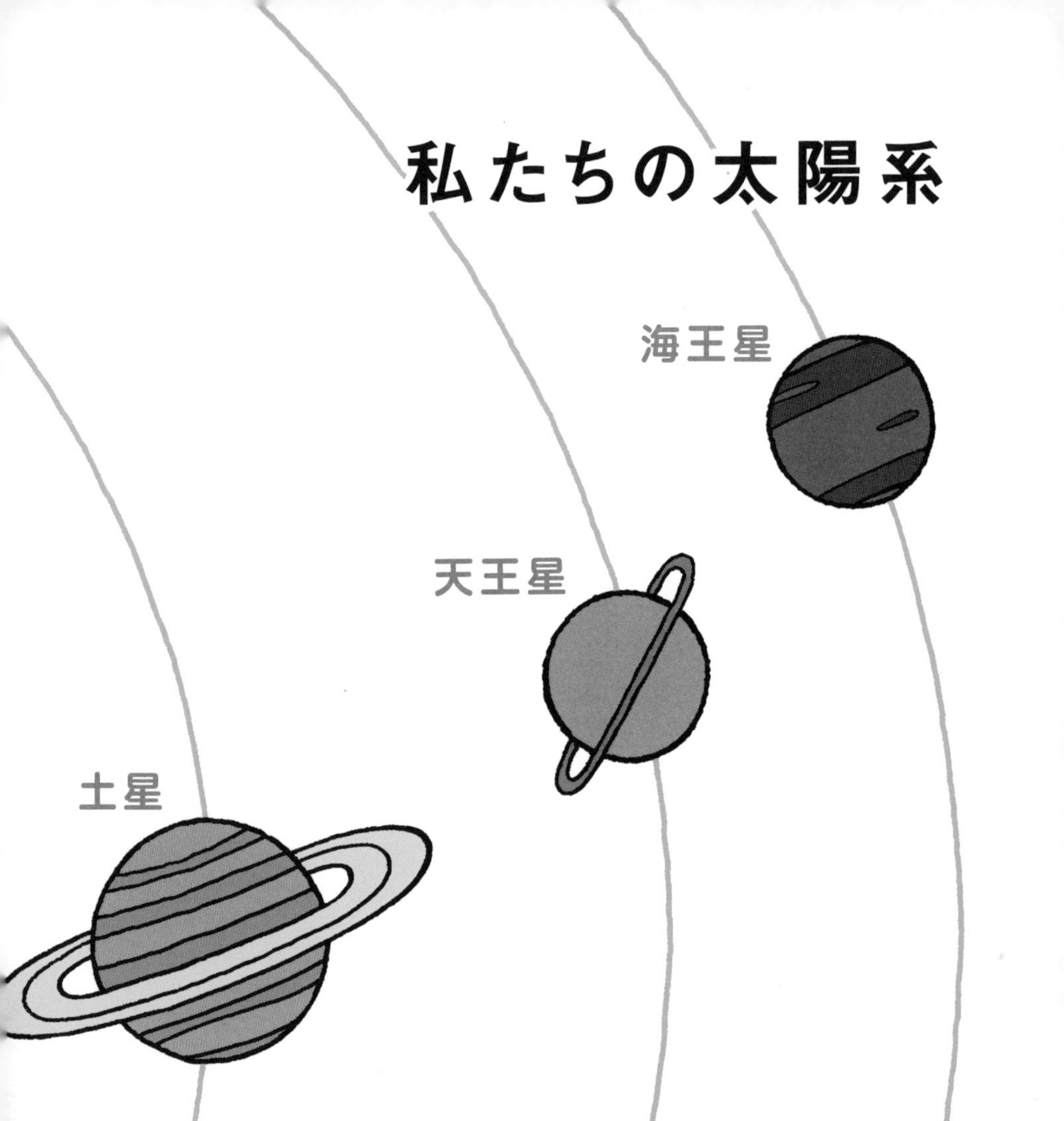

地球を含む8つの惑星は太陽の周りを回り、たくさんの衛星や準惑星、小惑星、彗星などの天体とともに、太陽系というグループをつくっています。
私たち人類に寿命があるように、太陽も成長し衰え、そして最期を迎えます。
何十億年後には、この太陽系の姿がいまとは違った形になっていることは間違いないのです。

※この図は太陽系の惑星を示すもので、大きさの比率や軌道の大きさは実際とは異なります。

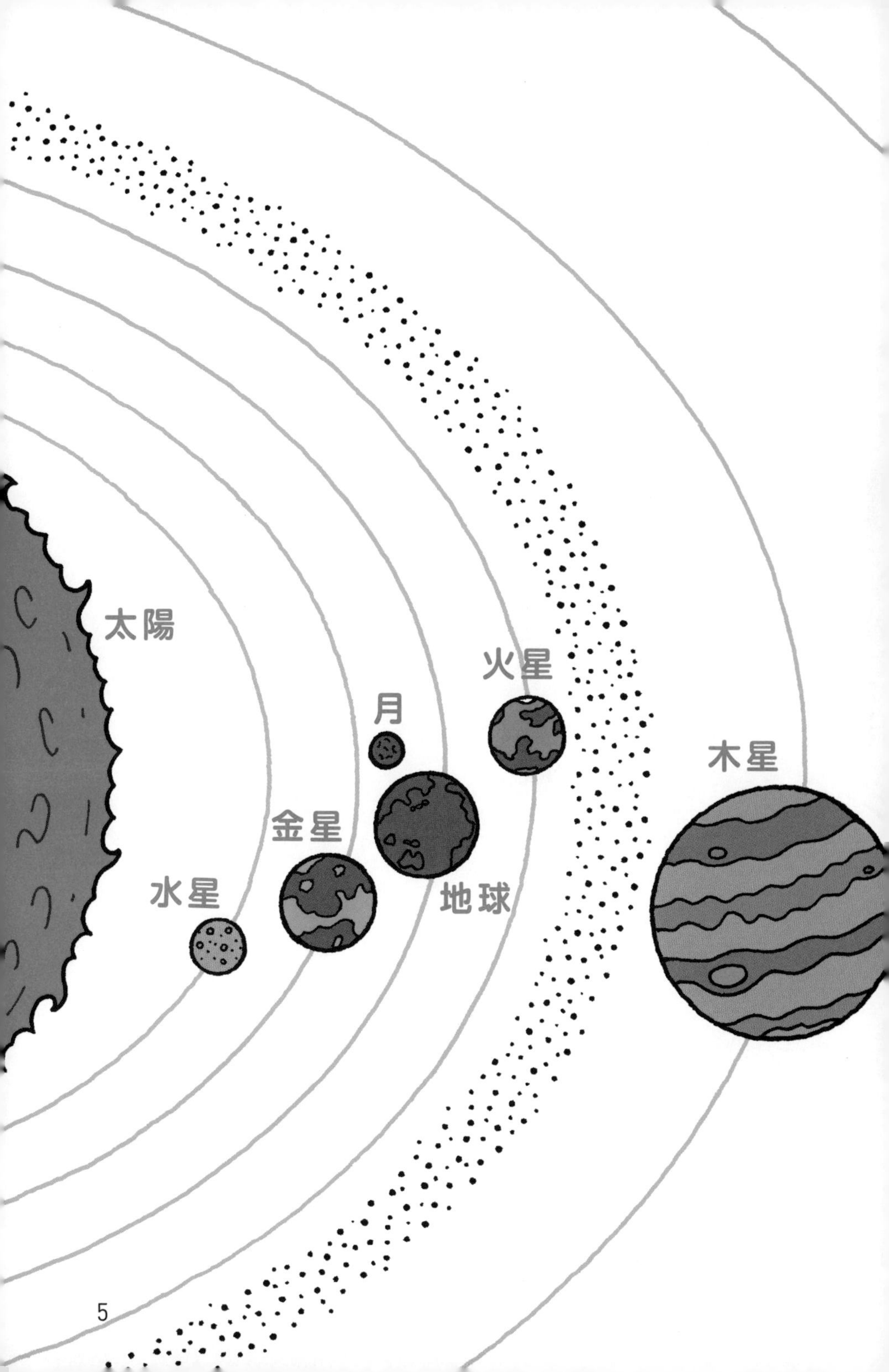
太陽
火星
月
木星
金星
水星
地球

宇宙の誕生から現在まで

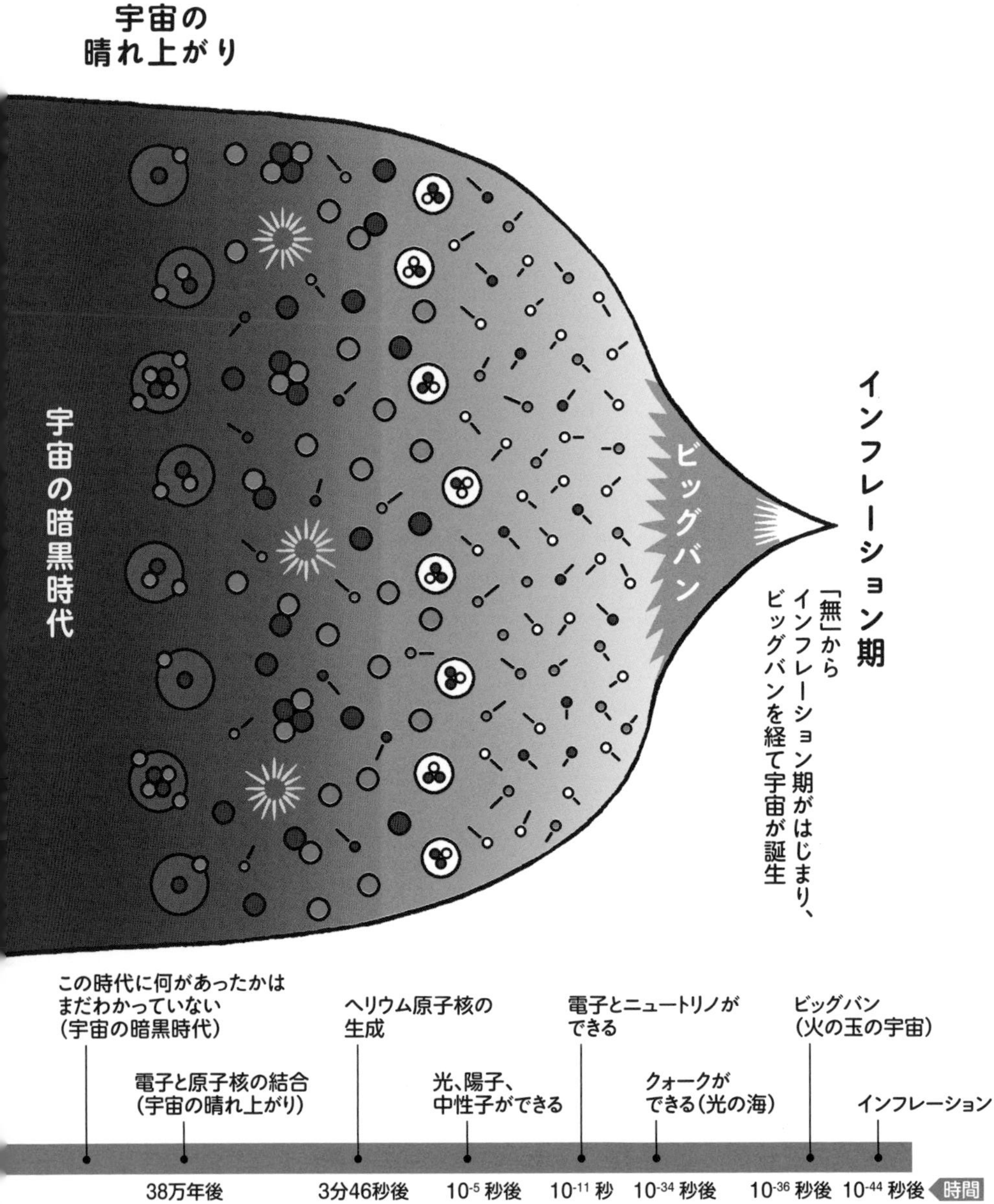
宇宙の晴れ上がり
宇宙の暗黒時代
ビッグバン
インフレーション期
「無」からインフレーション期がはじまり、ビッグバンを経て宇宙が誕生
この時代に何があったかはまだわかっていない（宇宙の暗黒時代）
電子と原子核の結合（宇宙の晴れ上がり）
ヘリウム原子核の生成
光、陽子、中性子ができる
電子とニュートリノができる
クォークができる（光の海）
ビッグバン（火の玉の宇宙）
インフレーション
38万年後
3分46秒後
10^{-5} 秒後
10^{-11} 秒
10^{-34} 秒後
10^{-36} 秒後
10^{-44} 秒後
時間

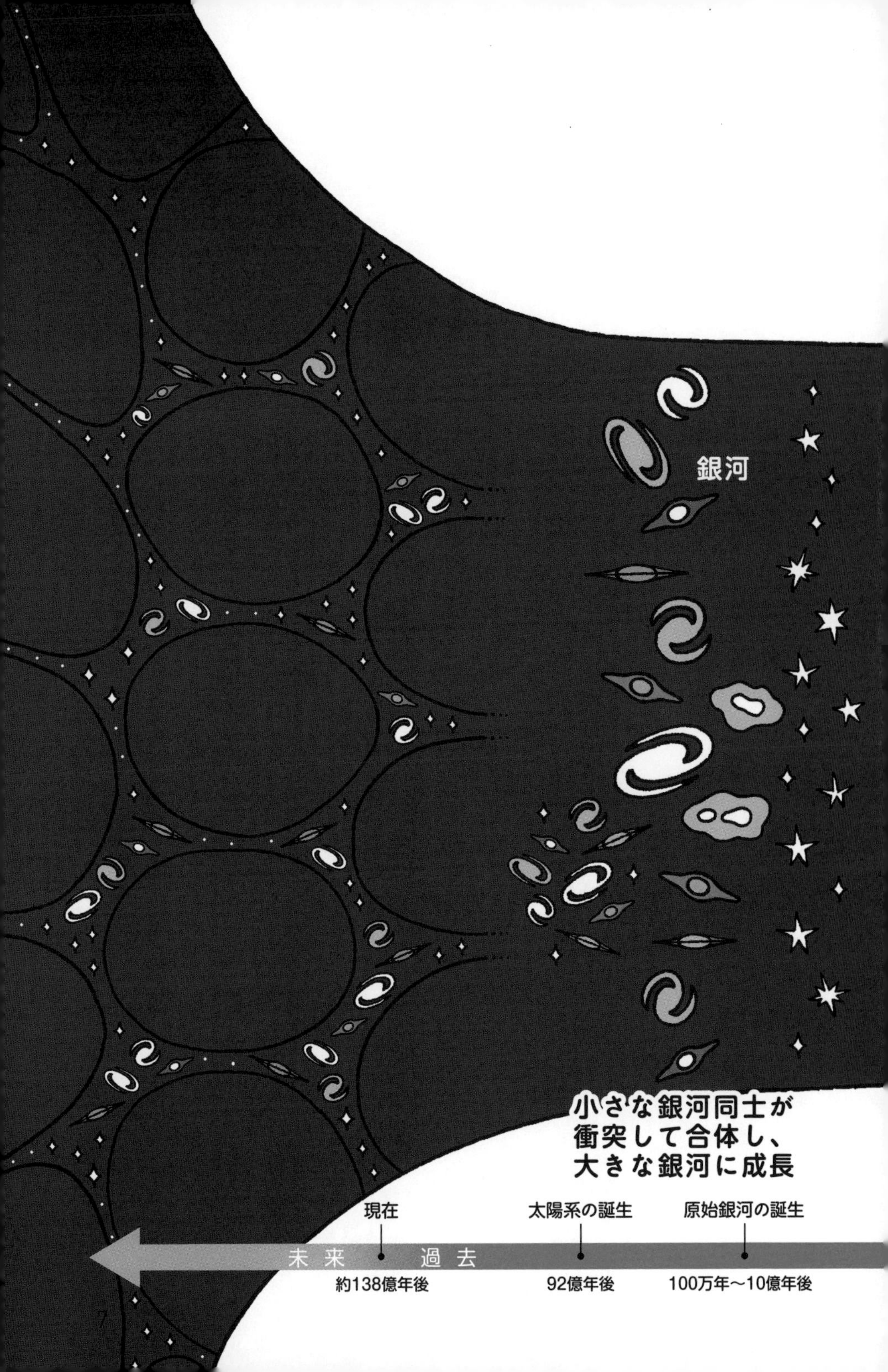

銀河
小さな銀河同士が
衝突して合体し、
大きな銀河に成長
現在
太陽系の誕生
原始銀河の誕生
未来
過去
約138億年後
92億年後
100万年〜10億年後

目次

『眠れなくなるほど面白い図解プレミアム 宇宙の話』
編集協力 阿南正起 オフィスhana 株式会社 風土文化社
イラスト カワチ・レン
カバー・本文デザイン 杉山 勝彦、平井 朋宏（LOVIN'Graphic）

第3章 恵の母・太陽という星

第4章 地球の仲間・太陽系惑星の素顔……73

第5章 恒星と銀河の世界

第6章 星座の世界

第1章

地球の誕生と未来

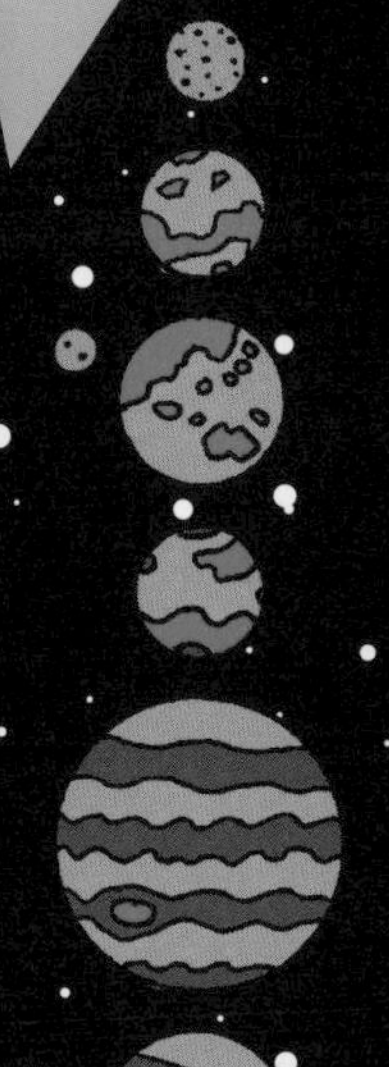

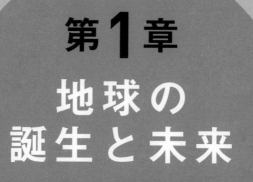

① 地球は宇宙のどこにあるの？

▼宇宙の片隅で、銀河系のはずれにある

私たちが住む地球は、太陽の周りを回っています。太陽は、地球を含めた8つの惑星とたくさんの衛星などで、太陽系というグループをつくっています（2ページ参照）。

そして、その**太陽系は「天の川銀河（銀河系）」と呼ばれる銀河のなかにあり、中心からおよそ2万8000光年の距離にあります。**

私たちはつい、地球が宇宙の中心ではないかと思ってしまいがちですが、**宇宙には中心も終わりもありません。**

全宇宙には1000億個以上の銀河があるといわれていて、天の川銀河はそのなかの1つです。そして、太陽系はその天の川銀河のはずれのほうに位置します。

天の川銀河は約2000億個の恒星と星間ガスという物質によってできています。麦わら帽子を2つくっつけたような形をしていて、真ん中のふくらんだ部分は「バルジ」といい、古い星やガスなどの物質によってできていて、その中心に巨大なブラックホールがあります。

そして、帽子のひさしに当たる部分が「ディスク」。天の川銀河のディスクは渦巻き状になっており、バルジが棒状なので、棒渦巻銀河《ぼううずまきぎんが》に分類されます。

この銀河全体を包んでいる、広大で薄い球状の部分を「ハロー」といい、ここには球状星団が分布しています。

そしてハローを包み込んでいるのが、「ダークマター（暗黒物質）」と考えられています。

天の川銀河の直径はおよそ10万光年、バルジの厚さはおよそ1万光年、ディスクの厚さはおよそ1000光年あることがわかっています。

◎天の川銀河◎

「横」から見た天の川銀河

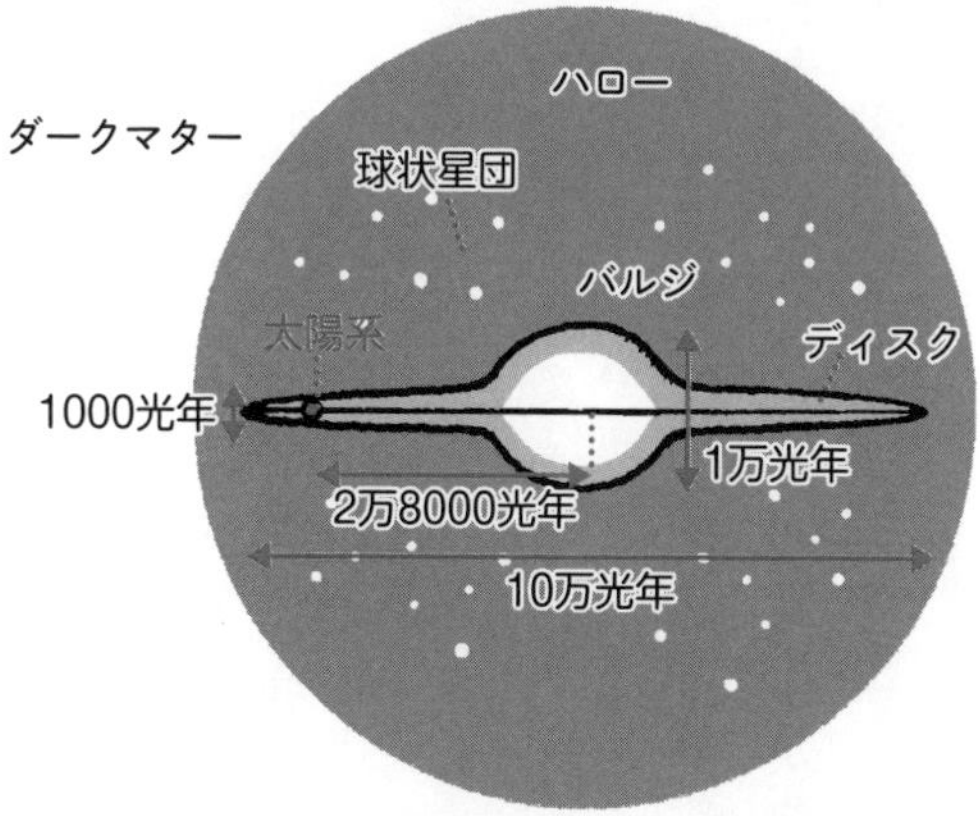

宇宙に上下左右はないが、模型にして真横から天の川銀河を見ると
このような形に。太陽系が天の川銀河のはずれにあるのがわかる。

「上」から見た天の川銀河

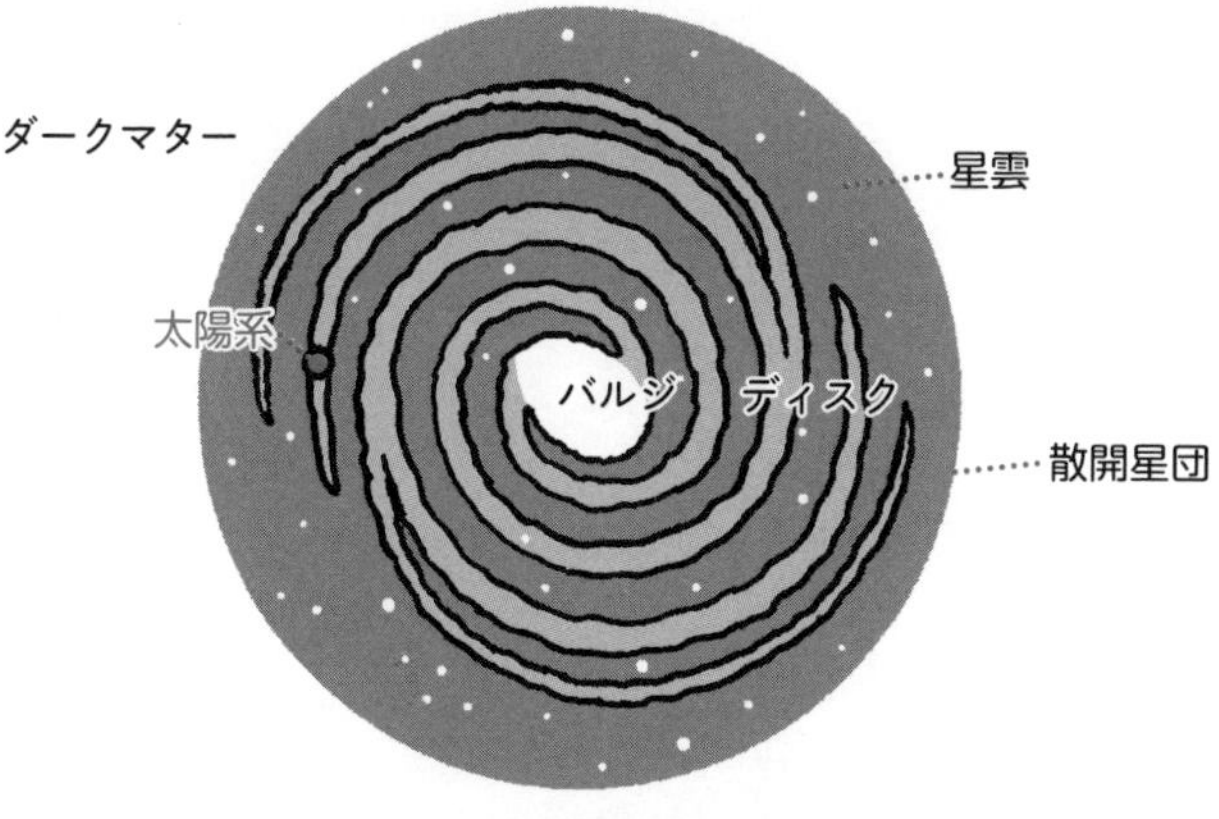

上から見ると太陽系が天の川銀河の渦巻部分にあるのがわかる。

用 語 解 説

＊銀河……恒星や惑星、ガス状の物質やちり、ダークマターなどが重力によって拘束された巨大な天体のこと。形から楕円銀河、レンズ状銀河、渦巻銀河、棒渦巻銀河、不規則銀河に分類される。

＊光年……光が１年かかって到達する距離。約9.5兆キロメートル。

＊ダークマター（暗黒物質）……質量をもち、周囲に重力を与えながら、現在どの波長の電磁波でも観測されていない物質の総称。

＊散開星団……数十から数百の恒星が集まった天体。＊球状星団……百万から数百万 の恒星が集まった天体。

② 地球は微惑星の衝突でできた？

▼衝突・合体がくり返されて現在の形ができ上がった

地球生成のストーリーは、およそ46億年前、若い原始太陽の周囲にガスとちりからなる原始惑星系円盤が広がり、そのなかの微惑星同士が衝突・合体することからはじまります。

微惑星が衝突・合体して大きくなると重力が強くなり、より遠くの微惑星が引き寄せられるようになり、「原始地球」ができ上がっていきました。

このとき、**地球が火星や金星よりも大きく成長できたことが、その後の地球の環境を決める大きな決め手になったと考えられています。**

たとえば火星の場合、その質量は地球の10パーセントほど。そのため重力が弱く、長期間にわたってゆっくりと大気が宇宙空間に逃げてしまい、平均気温はマイナス40度しかありません。

つまり、私たち生命体が存在できるか否かは、惑星の大きさがとても重要なのです。

加速度的に成長した原始地球の表面はドロドロに溶け、「マグマオーシャン」と呼ばれる状態になりました。

そして、マグマオーシャンの熱がさらに深部の岩石を溶かしていくことで、重い鉄は中心に集まって「核（コア）」となり、軽い岩石成分は核の外側に移動して「マントル」になったと考えられています。

この核とマントルなどの地球の内部構造ができ上がることによって、のちのマントル対流や地球を覆う磁場の形成につながっていきます。

また、微惑星に含まれていた水や炭素はマグマの熱によって蒸発し、大気層を形成して地表を覆いました。

その後、**惑星の衝突が少なくなり地表が冷えると、大雨が降り注ぎ、海ができ上がったのです。**

◎地球の成長過程◎

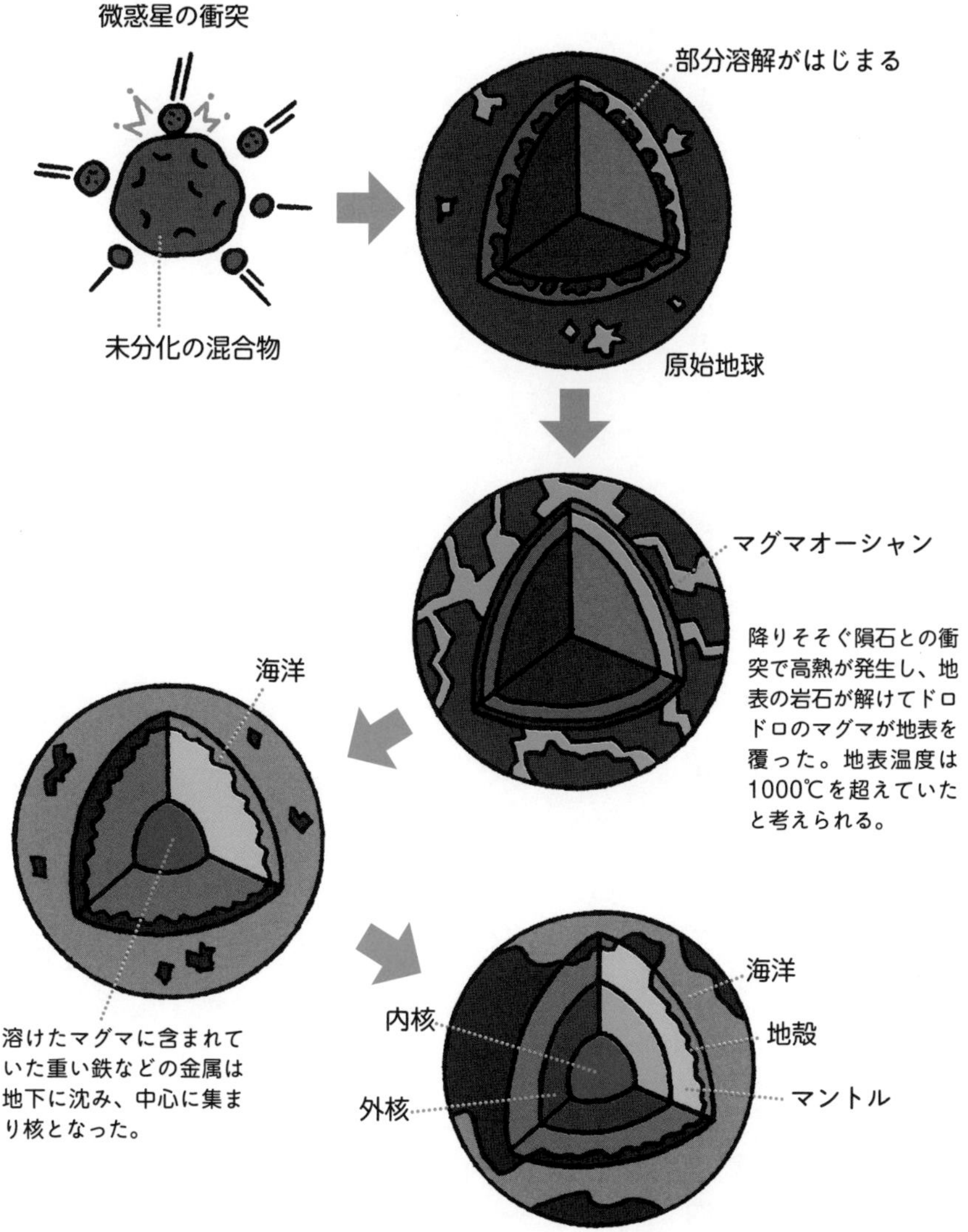
微惑星の衝突
部分溶解がはじまる
未分化の混合物
原始地球
マグマオーシャン
降りそそぐ隕石との衝突で高熱が発生し、地表の岩石が解けてドロドロのマグマが地表を覆った。地表温度は1000℃を超えていたと考えられる。
海洋
溶けたマグマに含まれていた重い鉄などの金属は地下に沈み、中心に集まり核となった。
海洋
内核
地殻
外核
マントル

微惑星の衝突から原始地球の形がほぼでき上がるまでは最短で100万年、最長で1億年かかったと考えられる。これから徐々に大きくなって地球の形になった。

用語解説

＊微惑星……惑星系の形成初期に存在する、直径10キロメートルほどの微小天体。

③ ジャイアント・インパクトが地球の命運を決めた？

▼惑星の巨大衝突のおかげで地球は水没をまぬがれた

約45億年前、原始地球にとってとんでもない出来事が起こってしまいました。

それまで、微惑星との衝突・合体は日常茶飯事に起こっていましたが、これとは比較にならないほどの巨大な天体（原始惑星）が、原始地球をかすめるように衝突してしまったのです。

その天体のサイズはいまの火星ほどもありました。

この大事件を「ジャイアント・インパクト」と呼んでいます。

これによって、その天体の破片と吹き飛ばされた原始地球の一部が、地球を回りながら集積して月が誕生したという説（ジャイアント・インパクト仮説）がありますが、これは第2章で詳しくお話しすることにします。

ジャイアント・インパクトによって、原始地球の水蒸気の大半が宇宙空間に飛び散り、地表の水は一度干上がってしまいました。

では、現在の地球の水はどこから来たのでしょう？

それは、そのあとに衝突した数多くの隕石に含まれていた水がもとになったと考えられています。

もしこの巨大な衝突がなかったら、原始地球は水を失うことなく、さらにあとからあとからぶつかってくる隕石によって水がもたらされ、地球全体がすっぽりと水没していたかもしれません。

月が誕生すると、月と地球の間の重力の作用によって地球の自転軸の傾きが落ちつき、気候の安定がもたらされました。

それ以前の地球は1日8時間の猛スピードで回転していて、激しい気流が吹き荒れ、すさまじい海流がぶつかる世界だったと考えられるのです。

◎ジャイアント・インパクト仮説◎

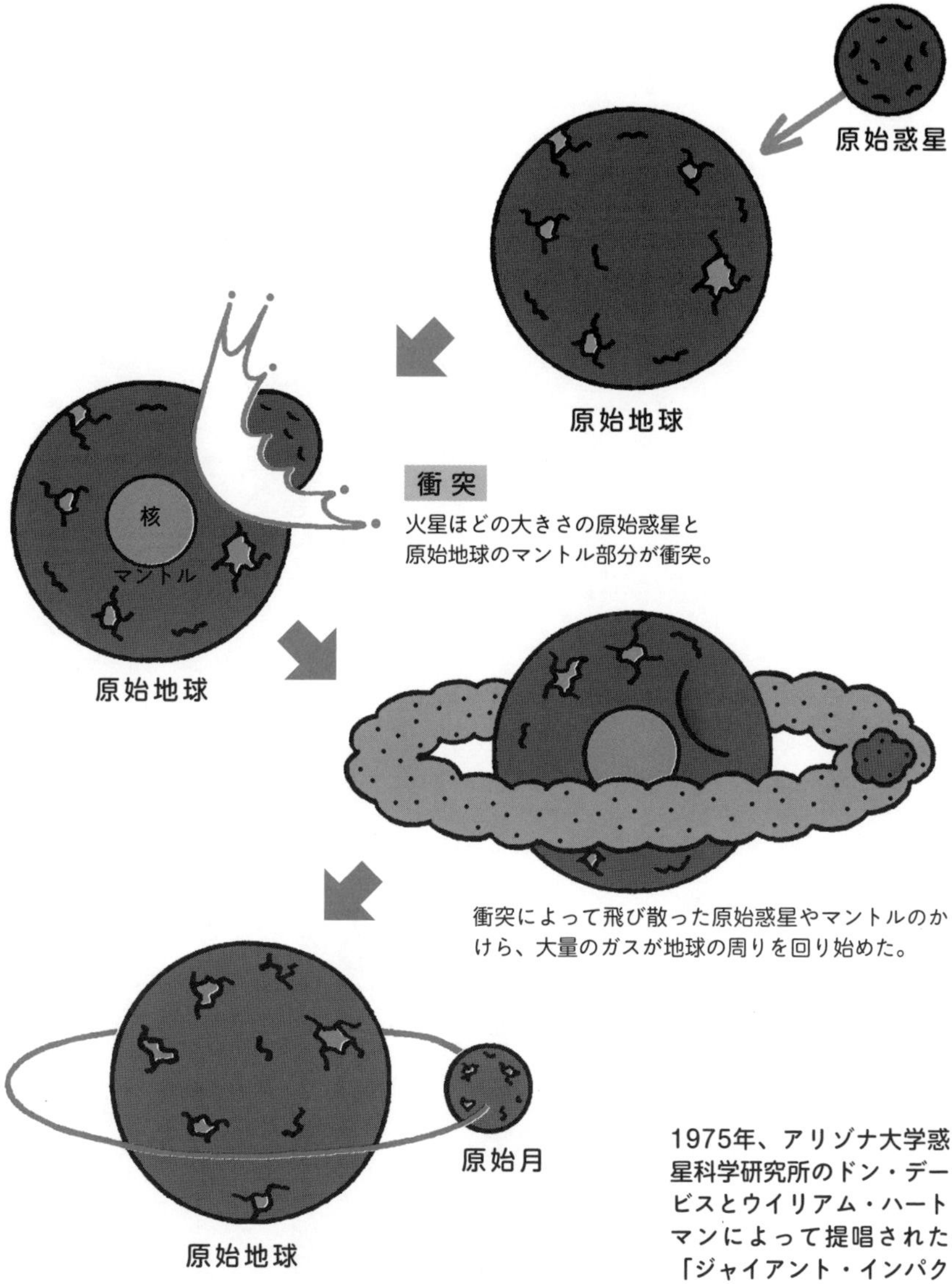
原始惑星
原始地球
核
マントル
原始地球
衝突
火星ほどの大きさの原始惑星と
原始地球のマントル部分が衝突。
衝突によって飛び散った原始惑星やマントルのか
けら、大量のガスが地球の周りを回り始めた。
原始月
原始地球

飛び散った原始惑星やマントルのかけらが互いの重力で引きつけ合って合体し、やがて月の原型ができた。原始地球はその後も多くの衝突をくり返し、いまの地球へと育っていった。

1975年、アリゾナ大学惑星科学研究所のドン・デービスとウイリアム・ハートマンによって提唱された「ジャイアント・インパクト仮説」。こうして地球と月の関係はでき上がったと考えられる。

④ 地球に生命が生息できる環境ってどんなもの？

▼液体の水が存在することが生命生息の条件

16ページで、地球の内部に「核（コア）」と「マントル」が形成され、表面が「海」と「大気」「地球磁場」で覆われてきたことをお話ししました。

38億年前までに原始地球を舞台にでき上がったこうした環境こそ、地球が生命をはぐくむために準備されたシステムといえるものです。

ドロドロに溶けた鉄が地球の中心部に集まってできた「核」は、流動することによって電流が生じ、「地球磁場」ができます。これが、生物に有害な太陽風などをさえぎってくれます。

ちなみに、現在の地球は固体の鉄からなる「内核」と、溶けた鉄からなる「外核」に分かれていて、外核の鉄が流動することで地球磁場が保たれています。

そのころの「大気」には二酸化炭素などの温室効果ガスが大量に含まれていましたから、地球表面の水は凍ることなく液体の状態で存在できました。

実は、生命が生息するための絶対条件が液体の水があるということなのです。

「海」は、太陽の熱で温められた赤道付近から、温まりにくい極エリアへと熱を運び、地球全域をまんべんなく温める役割を果たしていました。

「マントル」は、「核」の熱によってお風呂のお湯のようにゆっくりと沸き上がり、沈み込むマントル対流をくり返していました。

この過程で「熱水噴出孔（24ページ参照）」などによって生命のエネルギー源になる物質がつくり出されてきました。また、マントル対流によって陸地もだんだんと形成されてきました。

これらの要素がさまざまに絡み合って、地球が「生命のゆりかご」となっていったのでしょう。

◎地球のマントル対流◎

太古のマントル対流

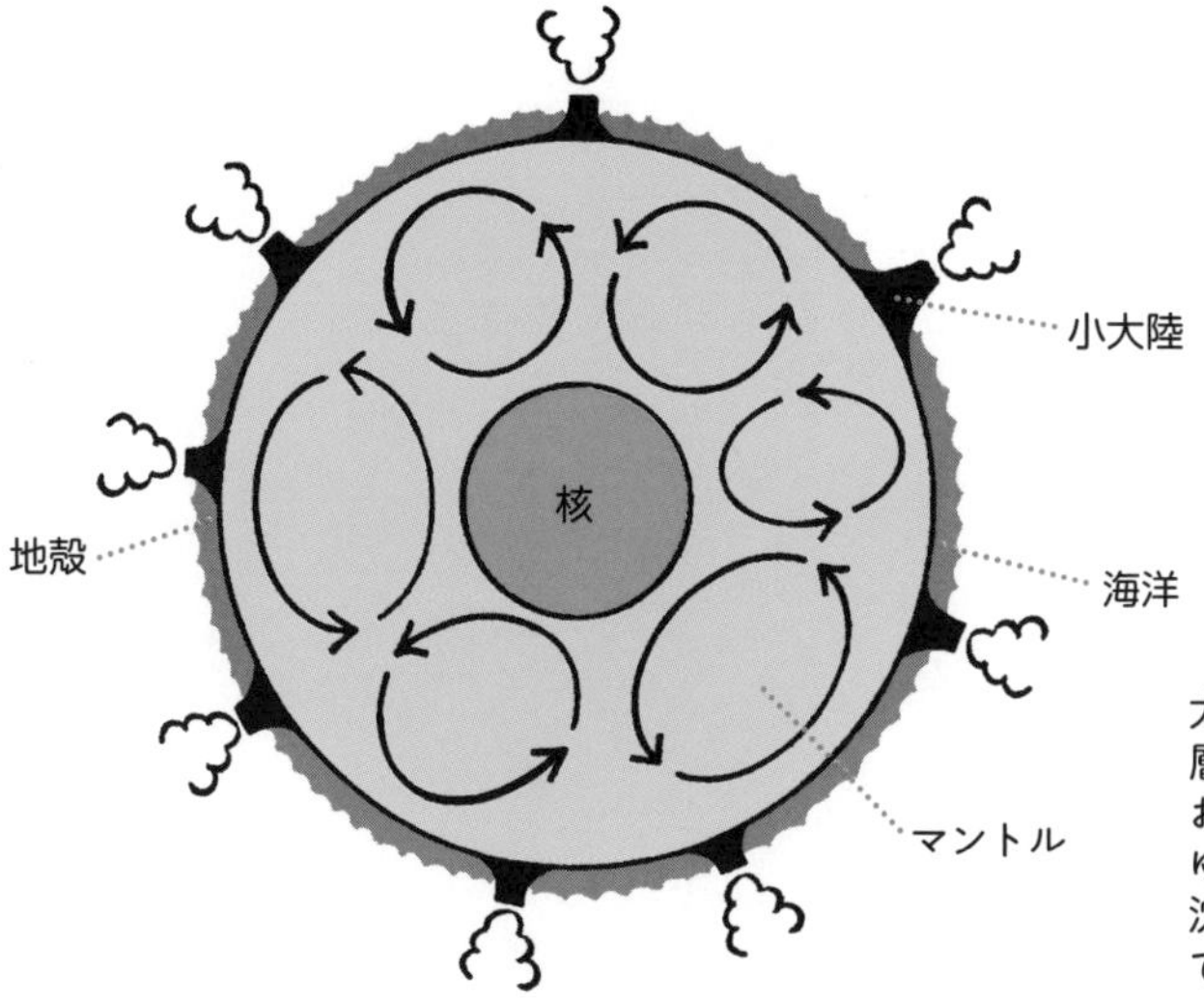

太古の地球のマントル層は、高温の核の熱でお風呂の水のように、ゆっくり沸き上がり、沈み込む対流を起こしていたと考えられる。

現在のマントル対流

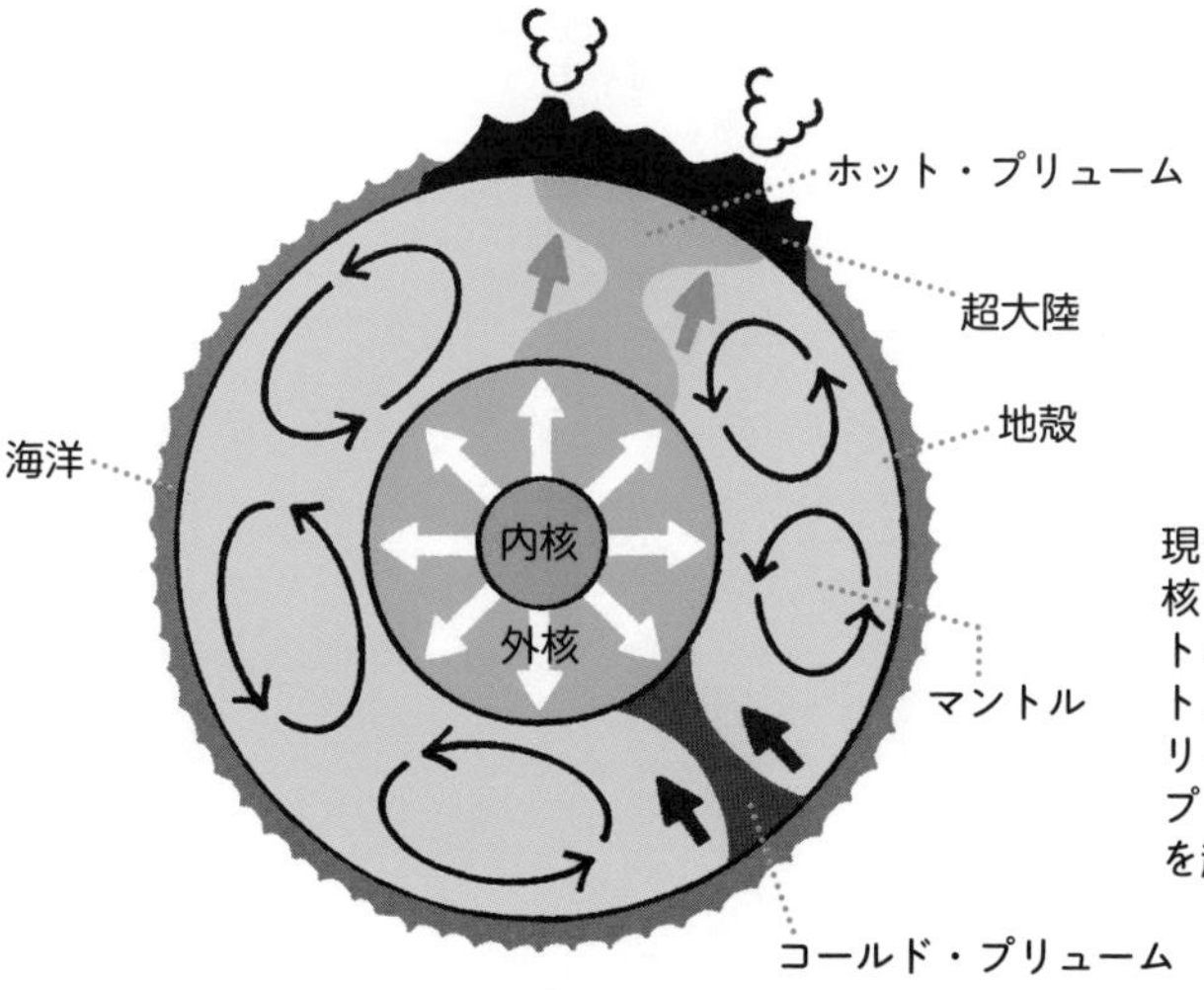

現在の地球の内部は内核と外核、そしてマントル層に分かれ、マントル層ではホット・プリュームとコールド・プリュームが対流運動を起こしている。

用語解説

＊地球磁場……地球がそのまわりにつくっている磁場で、巨大な磁石のつくる磁場に非常によく似ている。
＊太陽風……太陽から吹き出す極めて高温で電離した粒子（プラズマ）のこと。

⑤ 地球はなぜ生命の惑星となったの？

▼太陽からの絶妙な距離が生命をはぐくんだ

現時点で私たち人類が知る限り、地球は全宇宙のなかでたった1つ生命に満ちた天体です。

ここでいう生命とは、知能をもった高等生物に限らず、細菌のような微生物を含みます。

生命の惑星であることのもっとも重要な条件が、「液体の状態の水がある」こと。

生命が命を維持していくためには、さまざまな化学反応が必要です。液体の水は水素結合と呼ばれる特徴的な性質を備えています。

水素結合には、分子同士を緩やかに結びつける作用があり、生命活動を維持するための化学反応を起こす場となってくれるのです。

太陽系の惑星だけを見てみても、その表面が豊富な水で覆われているのは地球だけ。地球が「水の惑星」と呼ばれるゆえんです。

水は、一気圧では0度から100度の間でしか液体として存在できません。その点、地球は太陽とちょうどいい公転軌道半径であるため、この温度条件を備えることができているのです。

地球より少し太陽に近い金星では、太陽に近すぎて表面温度が高温になり液体の水は存在できませんし、地球の外側を公転している火星では、表面の水は凍りついてしまいます。

このように、惑星の表面に液体の水が存在できる領域のことを「ハビタブルゾーン（生命居住可能領域）」と呼んでいます。

太陽系での距離を表すとき、地球と太陽との距離（約1億5000万キロメートル）を1天文単位（1au）といいますが、太陽系のハビタブルゾーンは大雑把にいって0・7au（金星の公転軌道）と1・5au（火星の公転軌道）の間にあるといわれています。

◎太陽系のハビダブルゾーン◎

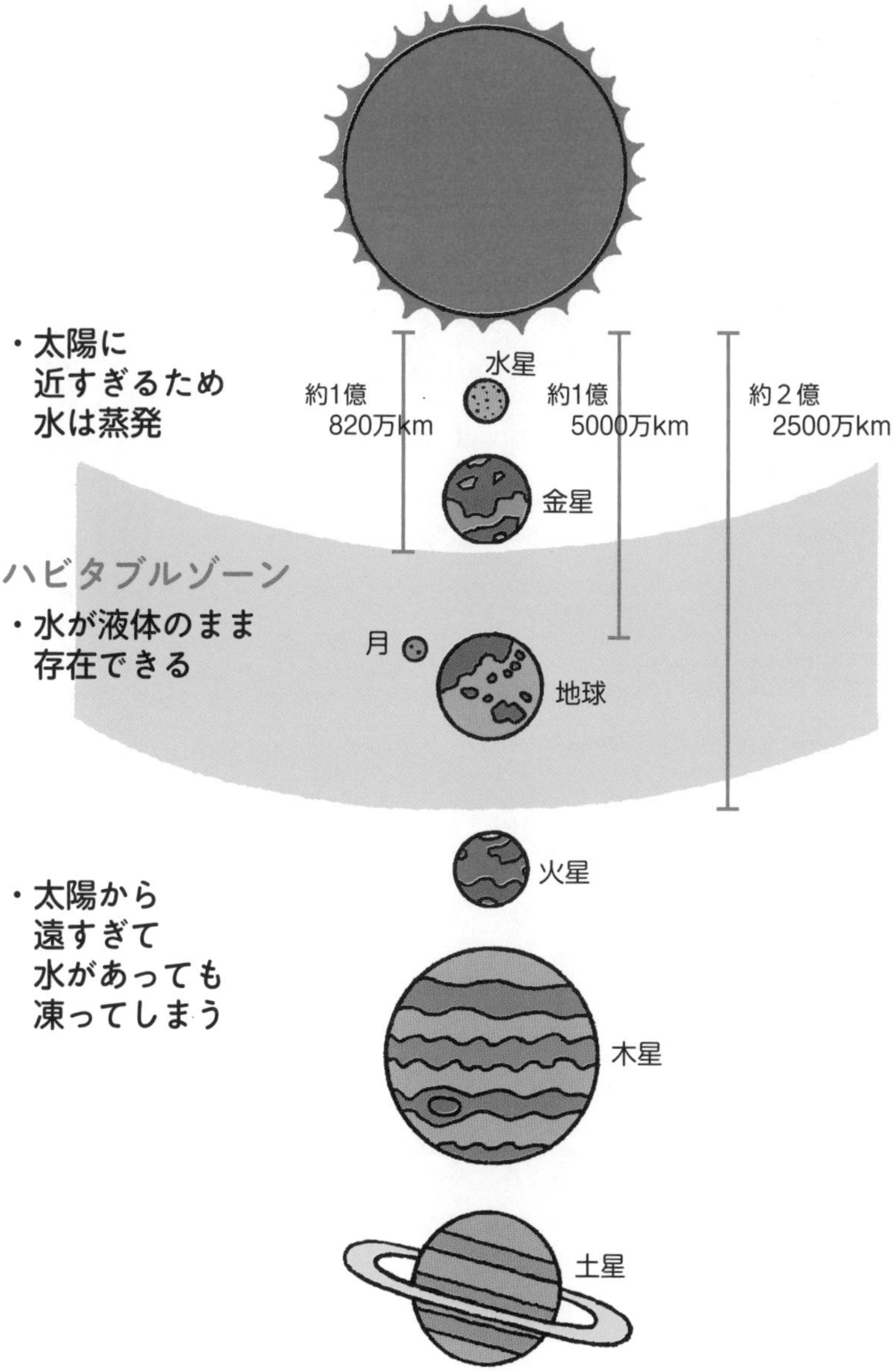

⑥ 地球の生物の共通祖先はどこにいたの？

▼生物の共通祖先は海底の熱水噴出孔で暮していた

およそ35億年前、暗い海底には黒くにごった熱水を噴出する場所が無数にありました。

これが、**海底にしみ込んだ水がマグマの熱によって熱せられ、３００度以上の熱水となって噴き出す「熱水噴出孔」と呼ばれるものです。**

熱水噴出孔から噴き出される熱水は、硫化《りゅうか》水素などの化学反応を起こしやすい物質や、メタンや二酸化炭素などを地下から運んできます。

これらは生物がエネルギー源として利用できる物質でもあります。

また、現在の生物の遺伝子の研究によれば、地球の生物の共通祖先に近いと考えられる微生物ほど熱水環境を好むものが多いと見られ、熱湯のなかでも平気で暮らす微生物すらいます。

以上のことから、初期の地球では、生物の「エサ」となる物質が供給される熱水噴出孔の熱水のなかで、生物の共通祖先は暮していたという説があるのです。

とはいえ、３００度を超える熱水の環境では、温度が高すぎてＤＮＡやたんぱく質などの複雑な有機物はできません。

しかし、熱水噴出孔の周囲には、温度の低い「温水」が出ている孔《あな》があることが多いといわれています。**そこで、複雑な有機物をつくるさまざまな化学反応が起きていた可能性があります。**

最初の生命がいつごろ、どこで、どうして誕生したかは、まだまだわからないことだらけです。

単純な化合物から、いきなり複雑な構造をもった細胞ができるなんて想像を超えています。

ところが、確実に地球のどこかで最初の生命は生まれ、私たちが存在しています。そんな謎の解明が少しでも進むことを期待したいものです。

◎熱水噴出孔のしくみ◎

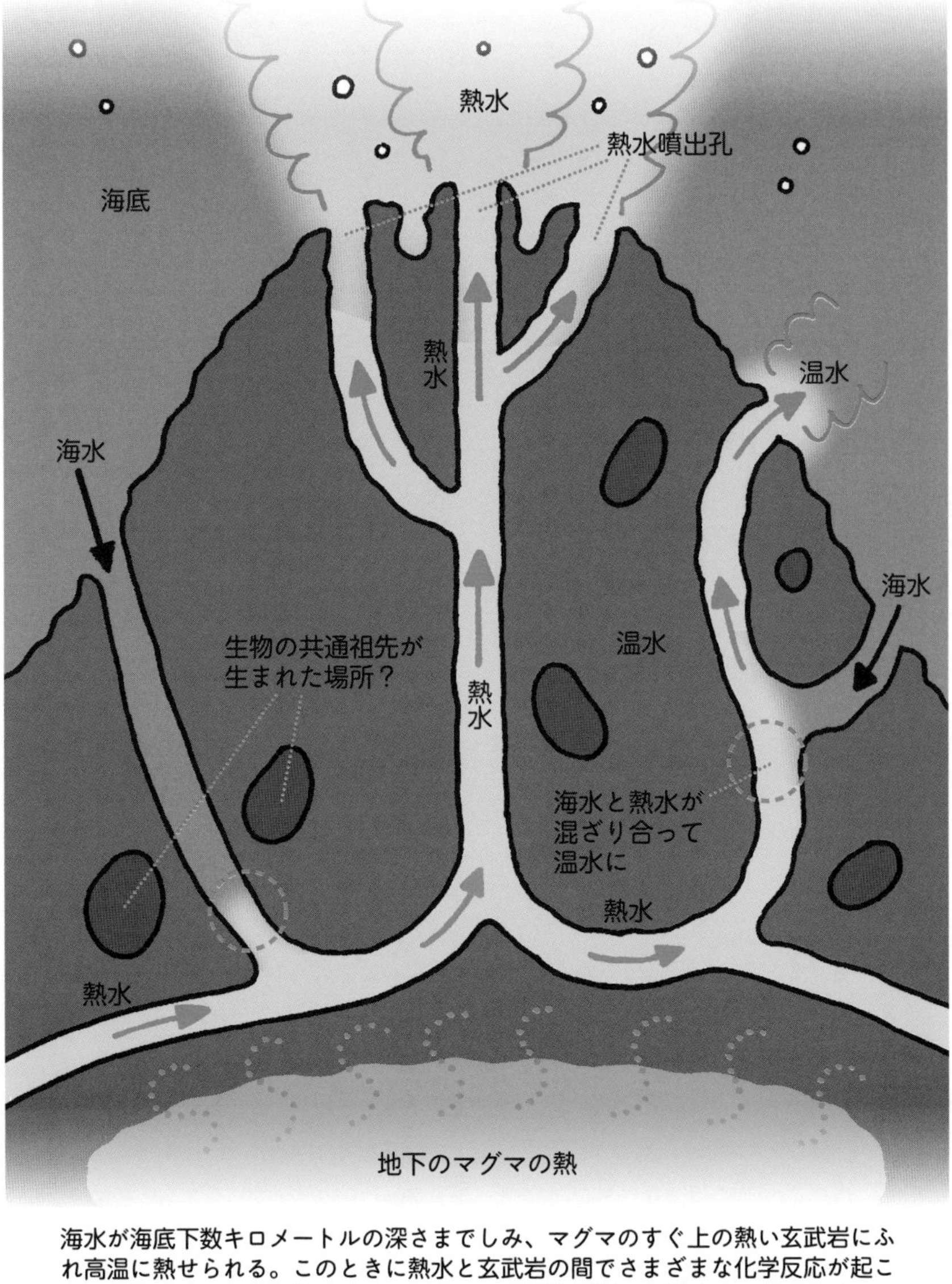

海水が海底下数キロメートルの深さまでしみ、マグマのすぐ上の熱い玄武岩にふれ高温に熱せられる。このときに熱水と玄武岩の間でさまざまな化学反応が起こり、水素イオンや硫化物イオン、メタン、二酸化炭素、金属イオンができる。これらの物質を含んだ熱水が上昇し、海底の熱水噴出孔から海へ噴出する。

⑦ 地球全体が氷に覆われていたってホント？

▼二酸化炭素が全球凍結のカギを握っていた

いまから22億2000万年前、そして7億年前と6億5000万年前、**地球全体が厚さ1000メートルの氷に覆われるという、厳しい氷河期があったという説が有力になっています。**

これが、「スノーボールアース仮説」です。

地球凍結のきっかけとして挙げられるのが、大気中の二酸化炭素の減少です。

超大陸が分裂すると新しい海が生まれ、海は陸地を浸食してますます海洋部分を増やします。その海の水分が雨を生み、二酸化炭素を吸収します。

二酸化炭素が溶けた酸性の雨によって岩石中のカルシウムなどが溶け出し、やがて炭酸カルシウムとなって海に堆積《たいせき》します。

こうして、大気中の二酸化炭素が減少していったのですが、地球を温める温室効果ガスでもある二酸化炭素が急速に減少したことで、急激な寒冷化をもたらしたと考えられているのです。

氷床が極エリアから広がりはじめると、氷の白い色は海の暗い色に比べて、より多くの太陽エネルギーを反射してしまいます。

こうして**気温が下がり、地球全体が凍りついてしまう「暴走冷却」につながったというわけです。**

では、凍結した地球はどのようにしてふたたび温まったのでしょうか？

表面が完全に凍りついた地球でも、内部には決して冷えない液状金属の核（コア）があります。この地熱が海をじわじわと温め、氷の成長を押しとどめました。

また、火山が氷のなかから頭を突き出して活動を続けて微生物の命を守り、ふたたび地球を温めるための二酸化炭素を吐き出し続けたと考えられているのです。

◎スノーボールアース仮説とは◎

1 二酸化炭素の減少で温室効果が小さくなった

大気は二酸化炭素やメタン、雲が地表の熱を外に逃がさないようにする温室効果のはたらきをしている。しかし何らかの理由で二酸化炭素が減ってしまい、温室効果の働きが弱まってしまった。

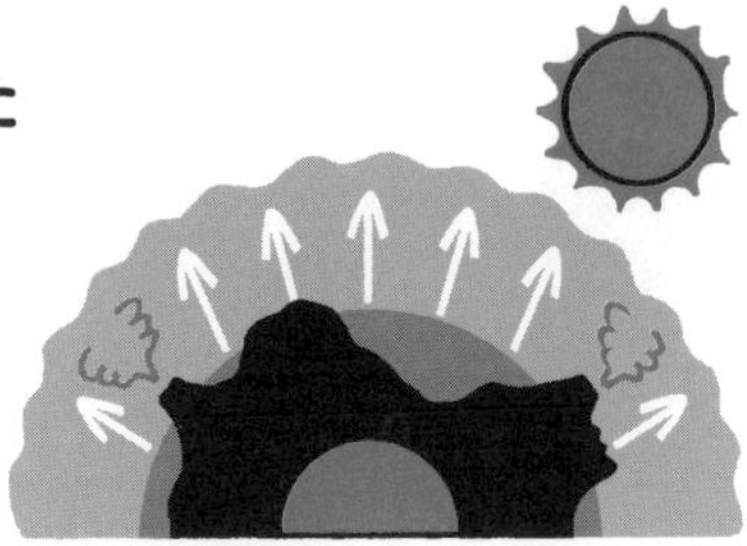

2 北極と南極からだんだんと凍っていった

地球は北極と南極から徐々に凍りつき、いちばん暖かい赤道まで氷に覆われ、陸で3000メートル、海で深さ1000メートルまで凍ったと考えられている。ひとたび全体が凍ると、地球はどんどん冷えていった。

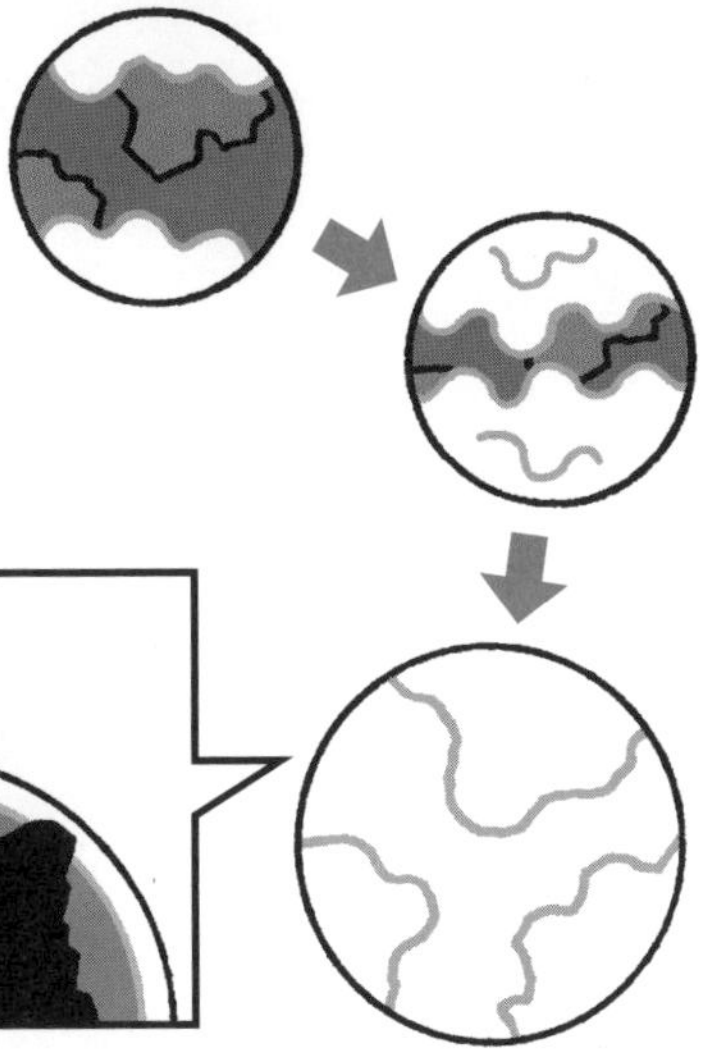

生物は深海や海底火山の近くで生きていた

地熱で凍らなかった深海や活動を続けていた海底火山でバクテリアなどの微生物は生きていた。

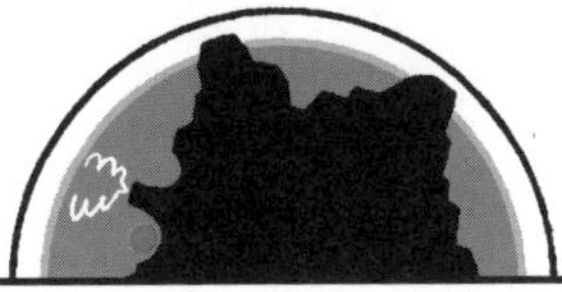

スノーボール
アース
（全球凍結）

3 海底火山が二酸化炭素を吐き出し氷を溶かした

スノーボールアースになっても海底火山は二酸化炭素を吐き出し続け、また地表の氷は二酸化炭素を吸収できないため、大気中に二酸化炭素が増え、少しずつ温室効果が復活した。こうして徐々に地表の氷が溶けていった。

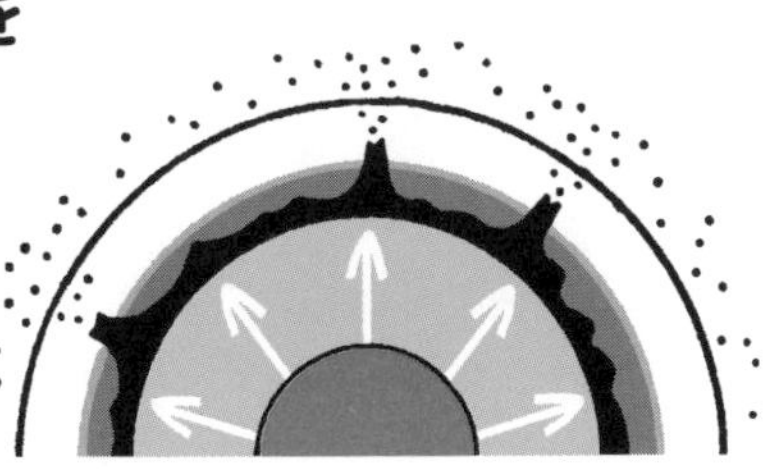

8 地球の最期はどうなってしまうの？

▼地球生物は25億年後に絶滅の危機を迎える

最後に、地球のこれからについて考えてみましょう。鍵を握るのは太陽です。

太陽の寿命は約100億年と考えられていて、あと50億年ほどで終末期に入ります。すると太陽は「赤色巨星化」し、膨《ふく》れ上がります（110ページ参照）。それにより表面積が広くなり、光量も熱量も増加し、放出されるエネルギーも増大。

その結果、太陽系の惑星は大気をはぎ取られたり、吹き飛ばされる可能性が考えられます。

当然、地球の気温も上昇します。

大気中の水蒸気が増加するとともに二酸化炭素が減少するので、植物が減って動物も生きていけなくなります。

25億年後には地球の気温は100度以上に達して、地球上のすべての生物が絶滅してしまうと考えられるのです。

そして太陽が現在の200倍まで膨張すれば、地球は太陽に飲み込まれることになります。

ただ、太陽の内部の構造についてはいまだわからないことが多いため、現段階では太陽のこれからについては予測することは難しいのです。

事実、地球は太陽に飲み込まれずにすむ、という説もあります。

一方で、天の川銀河そのものも、いずれアンドロメダ銀河と衝突・合体すると考えられています。

コンピュータでシミュレーションしてみると、2つの銀河は約40億年後に衝突し、20億年かけて合体。もし正面衝突すれば、1個の巨大な楕円銀河になると予測されています。

しかし、銀河同士が衝突しても星と星の間は非常に距離があるため、星同士の衝突はないと考えられています。

◎地球の最期の予測図◎

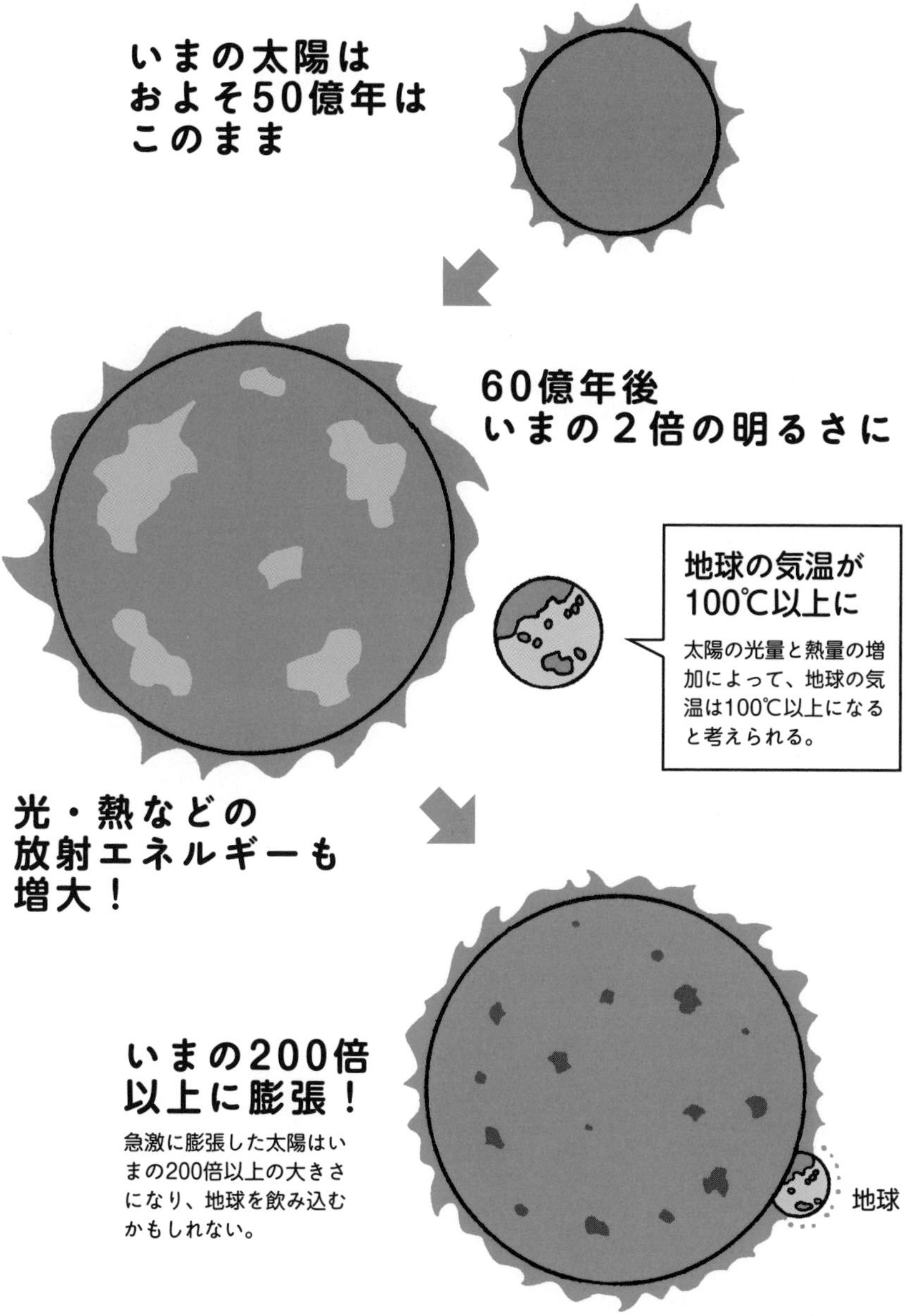
いまの太陽は
およそ50億年は
このまま
60億年後
いまの２倍の明るさに
地球の気温が
100℃以上に
太陽の光量と熱量の増加によって、地球の気温は100℃以上になると考えられる。
光・熱などの
放射エネルギーも
増大！
いまの200倍
以上に膨張！
急激に膨張した太陽はいまの200倍以上の大きさになり、地球を飲み込むかもしれない。
地球

星々との暮らし①

暦と月の関係

時計や暦《こよみ》がなく、日の出とともに起き、日の入りとともに休むという1日のサイクルで暮らしていた古《いにしえ》の人々にとって、太陽や月は時の移ろいを教えてくれる大切な目安でした。

たとえば太陽は、円形のまま変わらぬ姿で、毎日同じように、日の出で朝が訪れ、南中へと動き、やがて日の入りで夜が訪れます。太陽は毎日同じ動きをするため、太陽の位置で1日の時の経過を知ることができました。

対して月は、太陽、地球、月の位置関係によって太陽の光が当たって見える部分が変わるため、夜ごとにその位置や姿、形が変わります。

だれがどこから見ても変化がはっきりしているので「三日月の日に……」「満月の夜に……」と、明確に共通の目安にすることができたのです。

この月の満ち欠けが約30日の周期でくり返されることから、月は暦としての役割を果たすようになりました。それが「太陰暦」です。

太陰暦は、占星術が行われていた古代メソポタミアや古代中国などで生まれ、日本には四季にあった形に改変された太陰太陽暦として6世紀ごろに中国から伝わりました。その暦をベースに日本の和暦がつくられ、何度か改変をしながら使われました。

けれども、明治になると、明治政府は西洋の制度を導入して近代化を進めるなかで、明治5年から「太陽暦」が採用されることとなりました。

こうして、月と暦はなんの関係もなくなってしまったのです。

第2章
お隣の天体・月の謎

⑨ 月と地球は兄弟なの？

▼月は惑星と地球の巨大衝突によってできた

月の直径は地球の約４分の1です。実は太陽系の衛星のなかで、惑星の大きさに対してこれほど大きい衛星はほかにありません。

木星の衛星は27分の1、火星の衛星は３１０分の1ほど。月がなぜこれほど大きいのかについてはまだ解明されていません。

そんな月の起源については長年議論されてきました。月起源の主な説は次の３つでした。

- 親子説（分裂説）……誕生直後に、高速で自転する地球の赤道付近の一部が遠心力でちぎれて飛び出した。
- 兄弟説（共成長説）……微惑星から原始地球が形成されるときに、同じガスやちりからできた。
- 他人説（捕獲説）……別に形成された微惑星が、地球の引力にとらえられた。

しかし、計算上、微惑星表層がちぎれるほどの自転速度ではなかったことがわかったり（親子説）、地球と月の内部構造がまったく違うのは変だったり（兄弟説）、自分のおよそ81分の1を超える質量をもつ天体を捕まえることは困難だったり（他人説）と、どの説にも疑問が残りました。

そこに登場したのが「ジャイアント・インパクト仮説」（18ページ参照）でした。

この説を提唱したのはドン・デービスとウイリアム・ハートマン。１９７５年のことでした。

惑星と地球の衝突で誕生したのであれば、衝突した天体の破片と原始地球のマントル層が吹き飛ばされ主成分になったと考えられ、月に金属の核がほとんどないことも説明がつきます。

これはコンピュータによるシミュレーションとも合致して、この説が現在ではもっとも有力視されています。

◎ジャイアント・インパクト仮説前に提唱された3つの説◎

●親子説（分裂説）

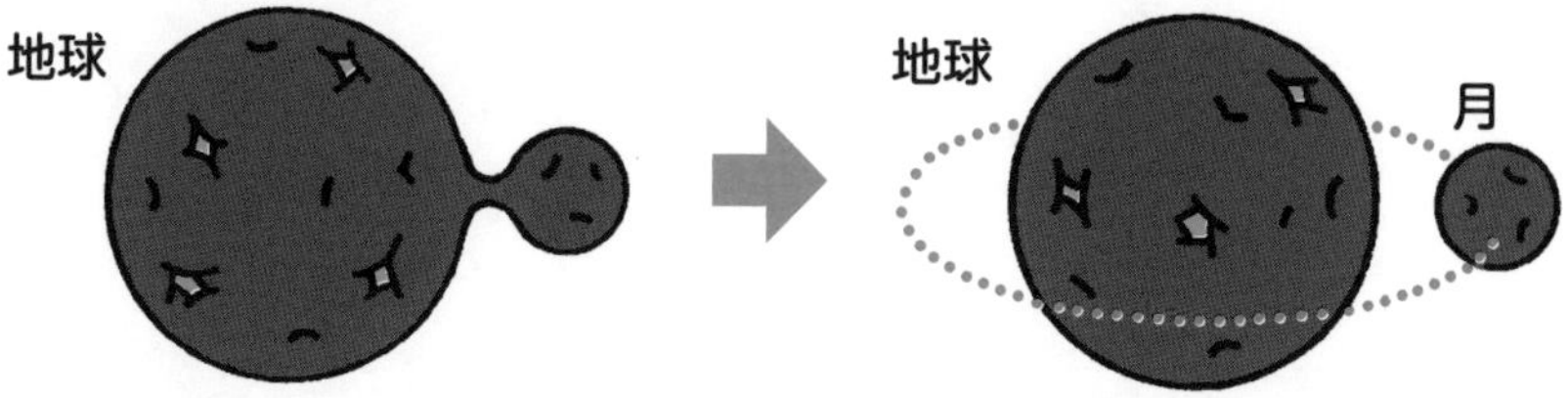

原始地球は高温でやわらかく、現在より自転速度が速かったため、赤道付近の一部が遠心力で飛び出した。

ちぎれた部分が丸くなり月となった。

●兄弟説（共成長説）

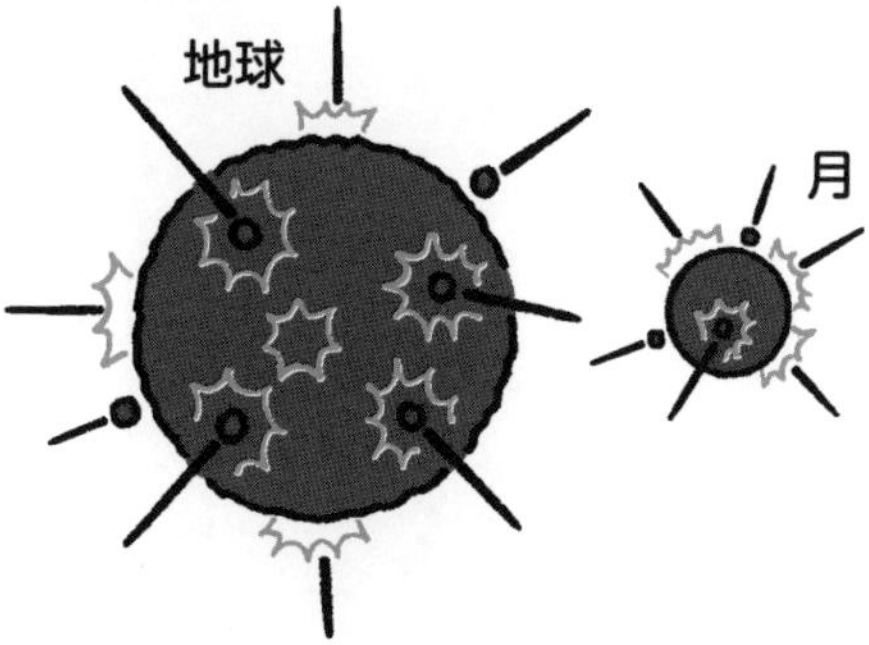

微惑星から原始地球が形成されるときに、月も同じガスやちりからできた。

●他人説（捕獲説）

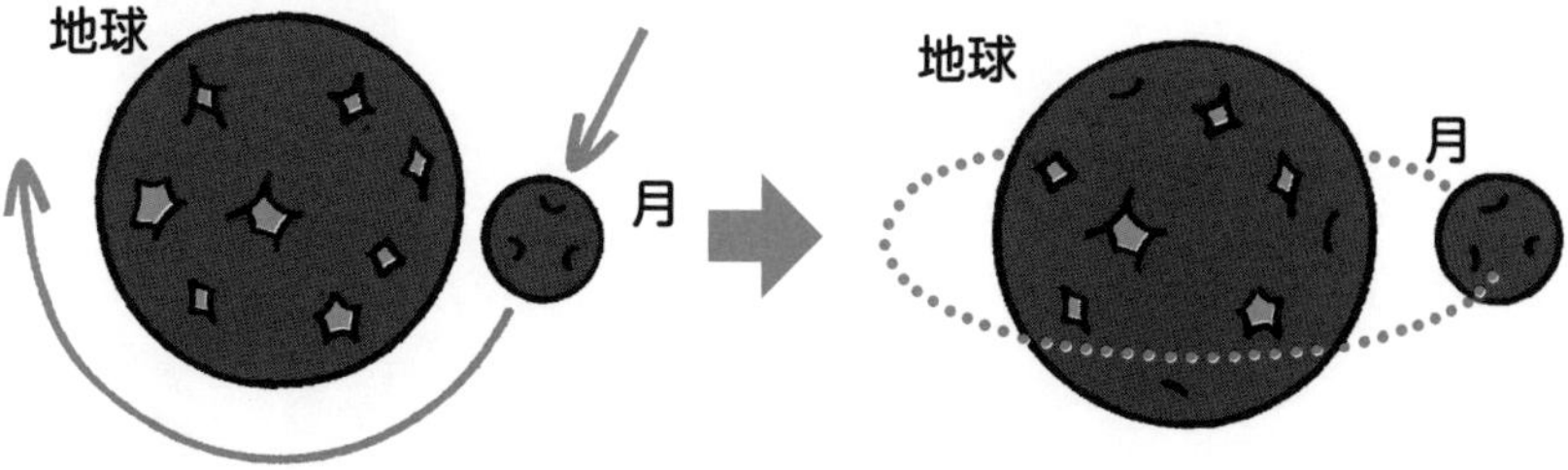

地球と離れたところでできた月が、たまたま地球のそばを通る軌道に乗った。

地球の引力に引き寄せられて衛星となった。

用　語　解　説

＊衛星……惑星や準惑星、小惑星の周りを公転する天然の天体。

⑩ もし月がなかったら地球はどうなる？

▼超高速の自転によって生命が生存するには過酷すぎる環境に

地球と月とは、引力という力でお互いに引き合っています。この引力と、引き合いながら回るときに生じる遠心力が海の干潮と満潮を引き起こします。これを潮汐力《ちょうせきりょく》（潮汐作用）といいます。

惑星と衛星がお互いにこれほど作用し合うのは、太陽系では地球と月だけと考えられています。

そんな月がなかったら、海の満潮、干潮はもちろんのこと、地球はいまのような「命の惑星」ではなかった可能性があります。

たとえば、**月の潮汐力は地球の自転スピードを遅くする作用をしています。**もし月がなかったら、地球は1日8時間という猛烈なスピードで回転していたと考えられます。

そうであれば地表も海も大荒れの状態で、もし生命が誕生できたとしても、現在の人類のような進化は望めなかったでしょう。

また、地球の自転軸の傾きを一定に保ってくれているのも月の引力です。

地球は自転軸が約23・4度傾いた状態で太陽の周りを1年かけて公転しています。

月がなければ、自転軸がわずか1度ずれただけでも、その傾きは予測不能な変動を起こしてしまいます。

もし月がなかったら、地球の自転軸は不規則に変化し、大規模な気候変動が起こっていたはず。

このように唯一の衛星である月こそが、地球に生命の誕生をもたらしたと考えられるのです。

人類にとって月はいちばん身近な天体です。月の満ち欠けから暦が生まれ、月を舞台に物語が語られてきました。そしてついにアポロ計画によってはじめて人類が月に立ったことで、月は物語の舞台からリアルな存在になったのです。

◎潮汐力のしくみ◎

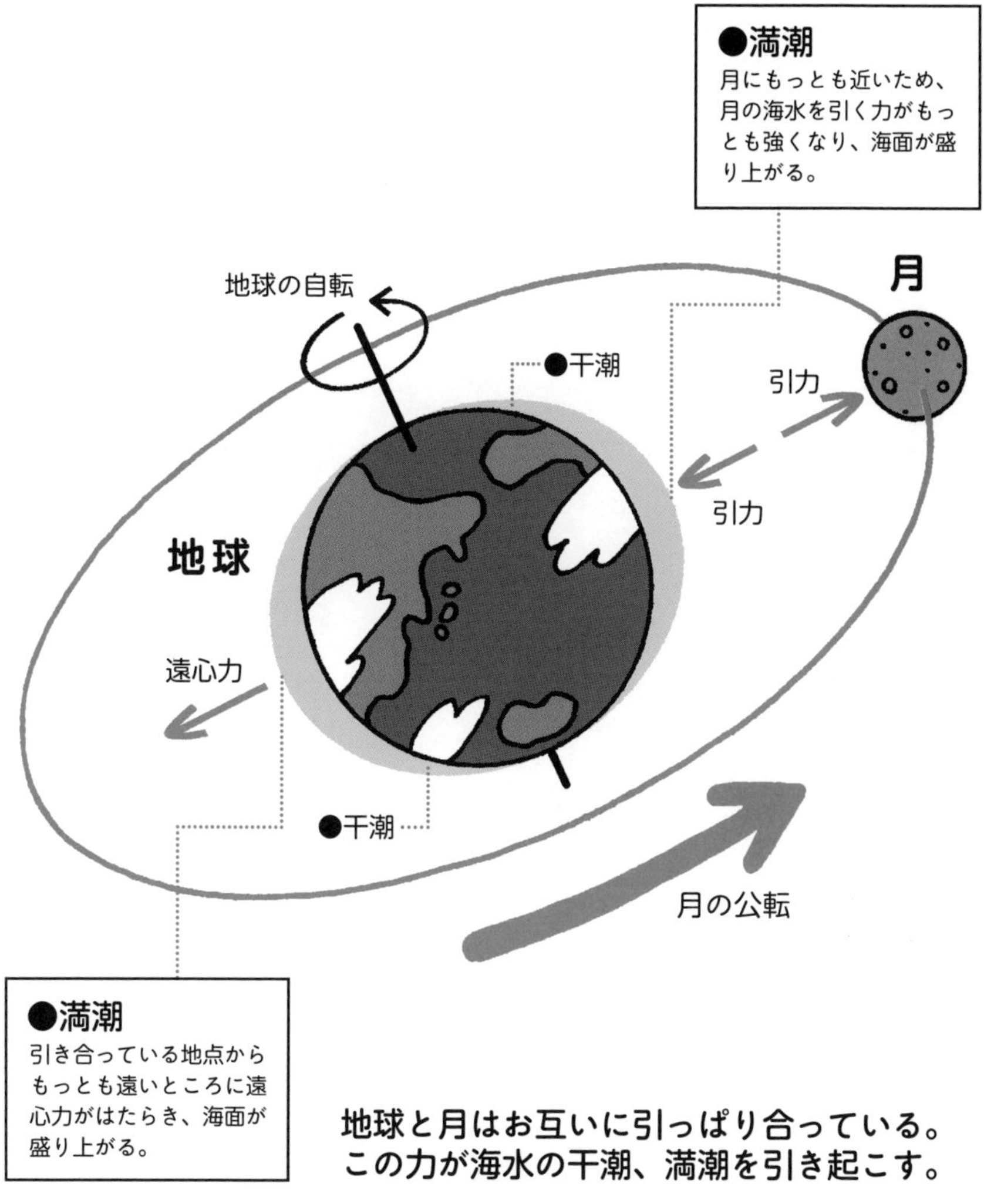
●満潮
月にもっとも近いため、月の海水を引く力がもっとも強くなり、海面が盛り上がる。
地球の自転
月
●干潮
引力
引力
地球
遠心力
●干潮
月の公転
●満潮
引き合っている地点からもっとも遠いところに遠心力がはたらき、海面が盛り上がる。

地球と月はお互いに引っぱり合っている。この力が海水の干潮、満潮を引き起こす。

※注）実際には地球の自転のため、満潮となる地点は、月にもっとも近い場所よりもずれる。

⑪ 月は地球から遠ざかっているの？

▼1年に3センチメートルずつ離れている

月と地球との距離は、月が地球を回る軌道が楕円形なので、もっとも離れているときで約40万キロメートル、もっとも近づくときで約36万キロメートルとなります。

ちなみに、地球にもっとも近いときの満月を「スーパームーン」といいます。スーパームーンは、もっとも遠い満月に比べて15パーセント近く直径が大きく見えます。

さて、月が地球から遠ざかっているという話ですが、確かに**月は毎年3センチメートルほど地球から遠ざかっています。**月が遠ざかるにともなって地球の自転も月の公転も遅くなっています。

月ができたばかりのころの地球は1日8時間ほどの速さで自転していましたが、月が遠ざかるにつれて、自転速度が遅くなり現在は1日約24時間になっています。そして、**将来的には1日はもっと長くなるのです。**

実は、月が離れていって最後はどうなるかというのはおおよそわかっています。

最後は、地球から見て月は同じ場所に止まって、そこで満ち欠けを繰り返します。そのときの地球の自転は、約47日で1130時間です。

とはいえ、こうなるのは計算上約100～200億年先のこと。100年たってやっと3メートルですから、いまの私たちが生きている間になにかが起こることはないでしょう。

もちろん、遠い将来には人類を含めた地球上の生物にも大きな影響が出ることになるかもしれません。

しかし、それらの変化はゆっくりと進みます。変化に合わせて、地上の生命体もゆっくりと適応しながら進化していくのではないでしょうか。

◎月と地球の距離◎

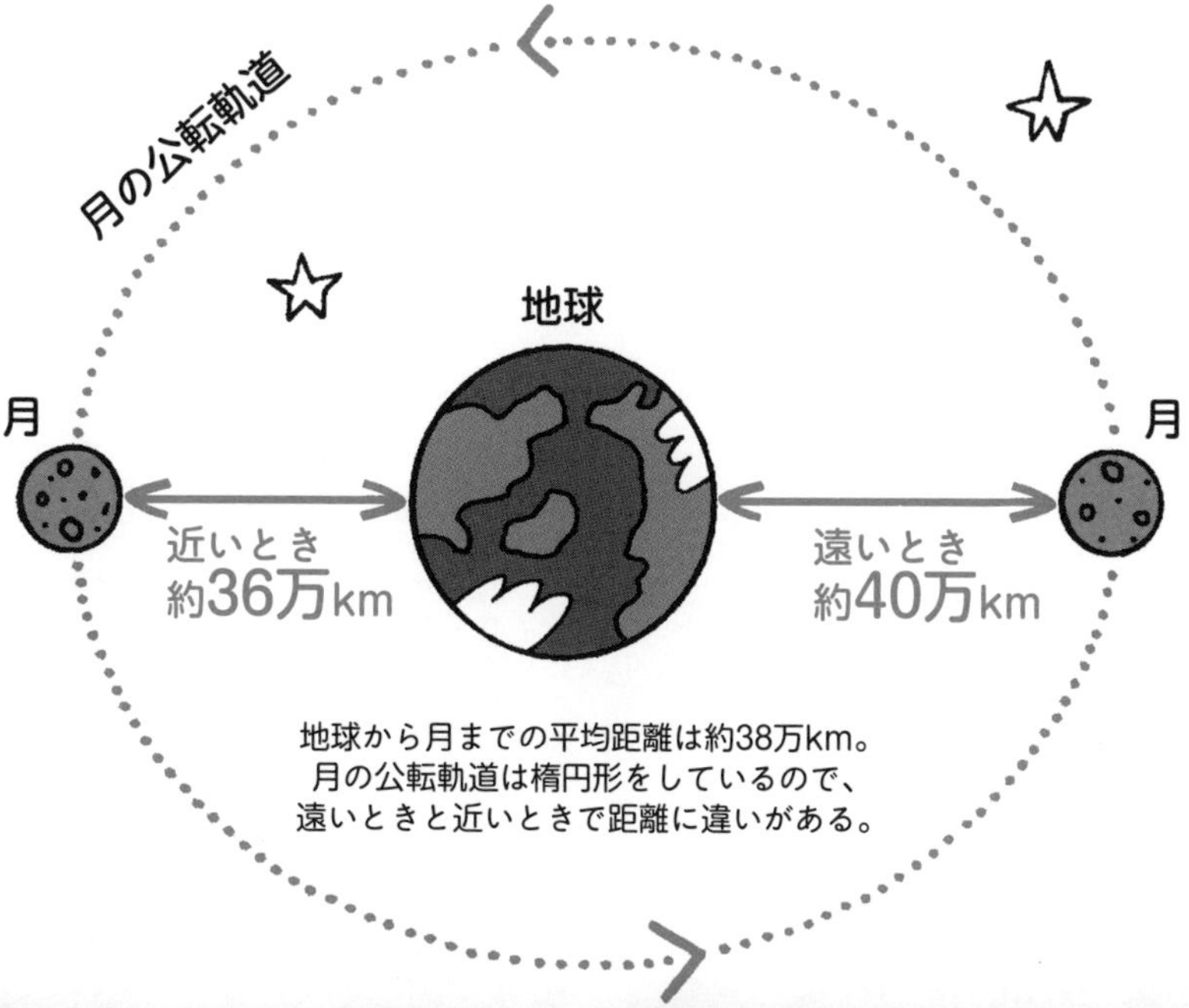
月の公転軌道
地球
月
月
近いとき
約36万km
遠いとき
約40万km
地球から月までの平均距離は約38万km。
月の公転軌道は楕円形をしているので、
遠いときと近いときで距離に違いがある。

満月の大きさくらべ
イメージ図
2017年最大の満月の画像と
最小の満月の画像を並べると、
同じ満月でもこんなに大きさが違う。
2017年 最大の満月 12月4日 0時47分
視直径※ 33分22秒角
2017年 最小の満月 6月9日 22時10分
視直径※ 29分24秒角
※視直径は、地心距離（地球の中心から月の中心までの距離）をもとに計算しています。
国立天文台 天文情報センター

⑫月のクレーターはどうしてできたの？

▼天体が大量に衝突してできた説が有力

月面の写真を見ると、円形のくぼ地があるのがわかります。あれがクレーターです。

実は、**月のクレーターをはじめて発見したのはガリレオ・ガリレイでした。**彼は物理学者として有名ですが、天文学者としても多くの業績を残しています。１６０９年、自作の望遠鏡で月を観察した結果、月は水晶のようなつるつるとした球体ではなく、無数の山やくぼみがあることを見つけたのです。

では、そんな月のクレーターはどうしてできたのでしょうか？

これについては、古くから2つの説が論じられてきました。1つが、火山の火口説。1つが、月に小天体が衝突して形成された説です。

この論争に決着をつけたのが、アメリカのアポロ計画による月の直接探査でした。

月から持ち帰った岩石の分析によって、激しい衝突の痕跡が明らかになったからです。これが衝突起源説の動かぬ証拠となりました。

月面に超音速で小天体が衝突すると、その衝撃や熱によって月面はドロドロに溶け、ふちが盛り上がり、内側は溶けた地面が平たく固まったと考えられます。

衝突した天体の質量や衝突速度によってクレーターの大きさはさまざま。直径２００キロメートルを超える大きなものから、直径数キロメートル以下のものまで、その数は数万個にのぼります。

調査の結果、クレーターが多く見られる月の高地は40億年ほど前の古い地質であることがわかりました。**40億年前から38億年前にかけて、無数の小天体が激しく衝突した時期があり、そのときに形成されたものと推測されています。**

◎月の大きなクレーターのでき方◎

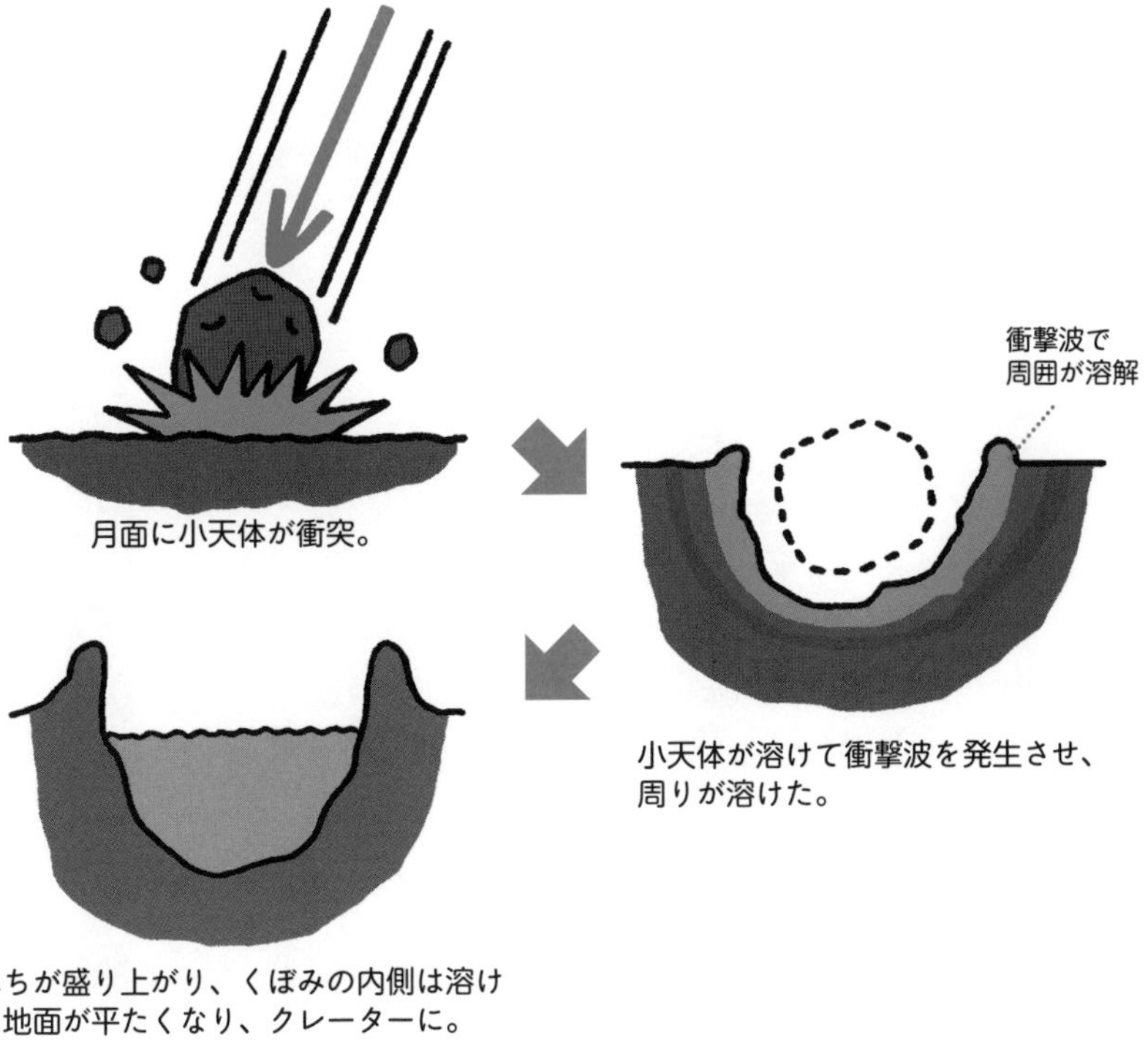
月面に小天体が衝突。
衝撃波で
周囲が溶解
小天体が溶けて衝撃波を発生させ、
周りが溶けた。
ふちが盛り上がり、くぼみの内側は溶けた地面が平たくなり、クレーターに。

●月のクレーター

1969年、月の軌道上のアポロ11号から見たクレーター「ダイダロス」。月の裏面のほぼ中央に位置していて、直径は約93キロメートルで、深さは約3キロメートルある。将来的に、巨大電波望遠鏡の設置場所として提案されている。

NASA

⑬「月の海」に水はあるの？

▼名前は「海」でも水がない「海」

月を望遠鏡で見たときに、黒く、広く平らに見える部分があります。これがまるで海のように見えることから「月の海」と呼ばれるようになりました。

では、その海に水はあるのでしょうか？

原始地球では、衝突した無数の微惑星などが水を運んできました。月も、その形成時には同じように水が運ばれてきたはずです。

ところが、**月の直接探査の結果、月面に水の存在を確認することはできませんでした。**

ほとんど大気のない月では、太陽に照らされる昼間は100度、太陽があたらない夜間はマイナス170度という激しい温度差があります。

これでは液体の水は存在できず、たとえ水があったとしても、氷から直接真空中に昇華してしまうでしょう。

それでは、「月の海」はどのようにしてできたのでしょうか。

天体の衝突でできたたくさんのクレーターがあるあたりに巨大な天体が衝突し、内部からマントル物質（マグマ）が噴出。それによってつながったクレーターのくぼみに溶岩流が広がりました。

これが固まってできたのが「月の海」です。

「海」が黒く見えるのは、黒っぽい玄武岩《げんぶがん》質の溶岩で覆われているからです。

「月の海」は月面に大小多数存在し、月面で最大の海である「嵐の大洋」の場合、直径2500キロメートルを超えます。

月の直径が約3500キロメートルですから、それがいかに大きいかわかるでしょう。

発見されている「月の海」にはそれぞれ名前がつけられています。

◎月の海のでき方◎

巨大なクレーターがたくさんできて大きなくぼ地になったところに天体が衝突。

天体がぶつかった衝撃でくぼ地にひびが入り、そのひびから地底のマグマがしみ出してきた。

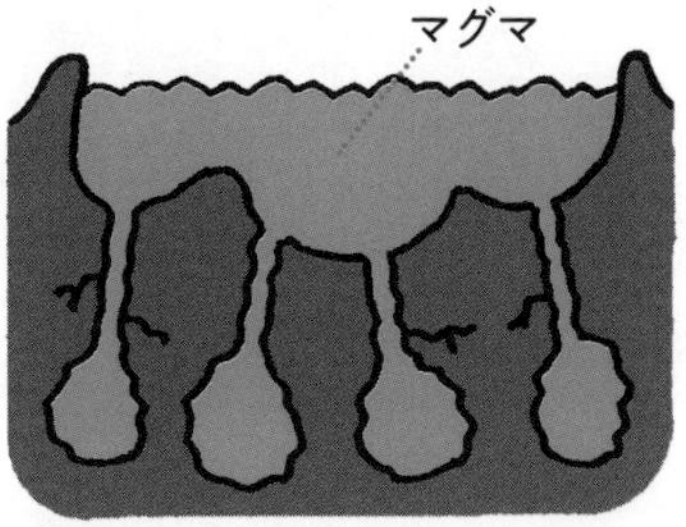

地底からしみ出したマグマがくぼ地にたまった。

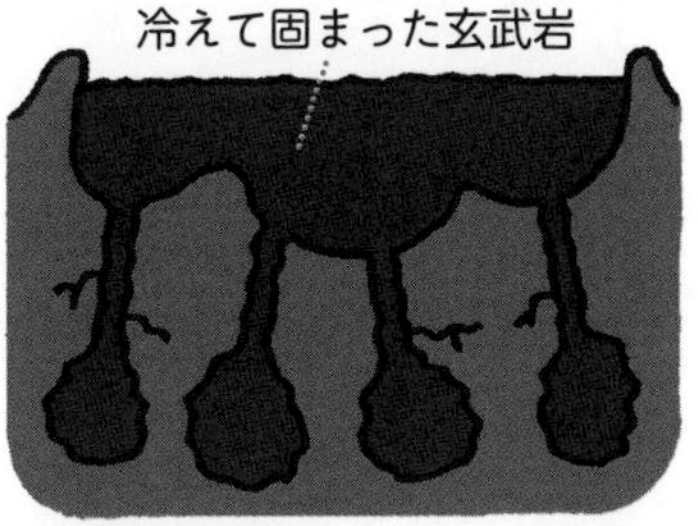

マグマが溶岩となってくぼ地を埋め、平らになり、やがて固まって黒い玄武岩となった。

●月の海

月の西側にある広大な月の海「嵐の大洋」。直径が2500キロメートルに及ぶ。

⑭ 月の裏側はどうなっているの？

▼クレーターは多いが「月の海」がとても少ない

私たちが見ている月は、いつも同じ面です。厳密にいえば、月の自転軸が6・7度傾いていることなどから、**地球から見えるのは月の表面の59％だけ**です。

では、地球から見えない側（以下裏側）はどうなっているのでしょうか。

実は、1959年にソ連が打ち上げたルナ3号が、はじめて月の裏側を撮影しました。その後、いろいろな探査で月の裏側について調べられていった結果、地球から見ることができない裏側には、天体がぶつかってできたクレーターはたくさんありますが、「月の海」が少ししかないことがわかりました。

実際、**表側では月の海が面積の約30％を占めているのに対して、裏側では2パーセントしかありません。**

このことから月の表面は、玄武岩が噴出した月の海の面積の広い表側と、斜長岩《しゃちょうがん》からなる裏側とに二分されていると考えられています。

2007年10月から、日本の月探査機「かぐや」から分離された2つの子衛星「おきな」と「おうな」の軌道解析によって、月の裏側の局所的な重力分布を世界ではじめて明らかにしました。

このような局所的な重力の違いを重力異常といいます。正の重力異常は、地形の高まりや地下に重い物質が存在することを示し、負の重力異常は、地形のくぼみや地下に軽い物質が存在することを示します。「かぐや」の観測から、月の裏側には負の重力異常があることが明らかとなったのです。なぜこのような違いがあるのかは解明されていませんが、今後の月探査によって明らかにされることでしょう。

◎月の表側しか見えない理由◎

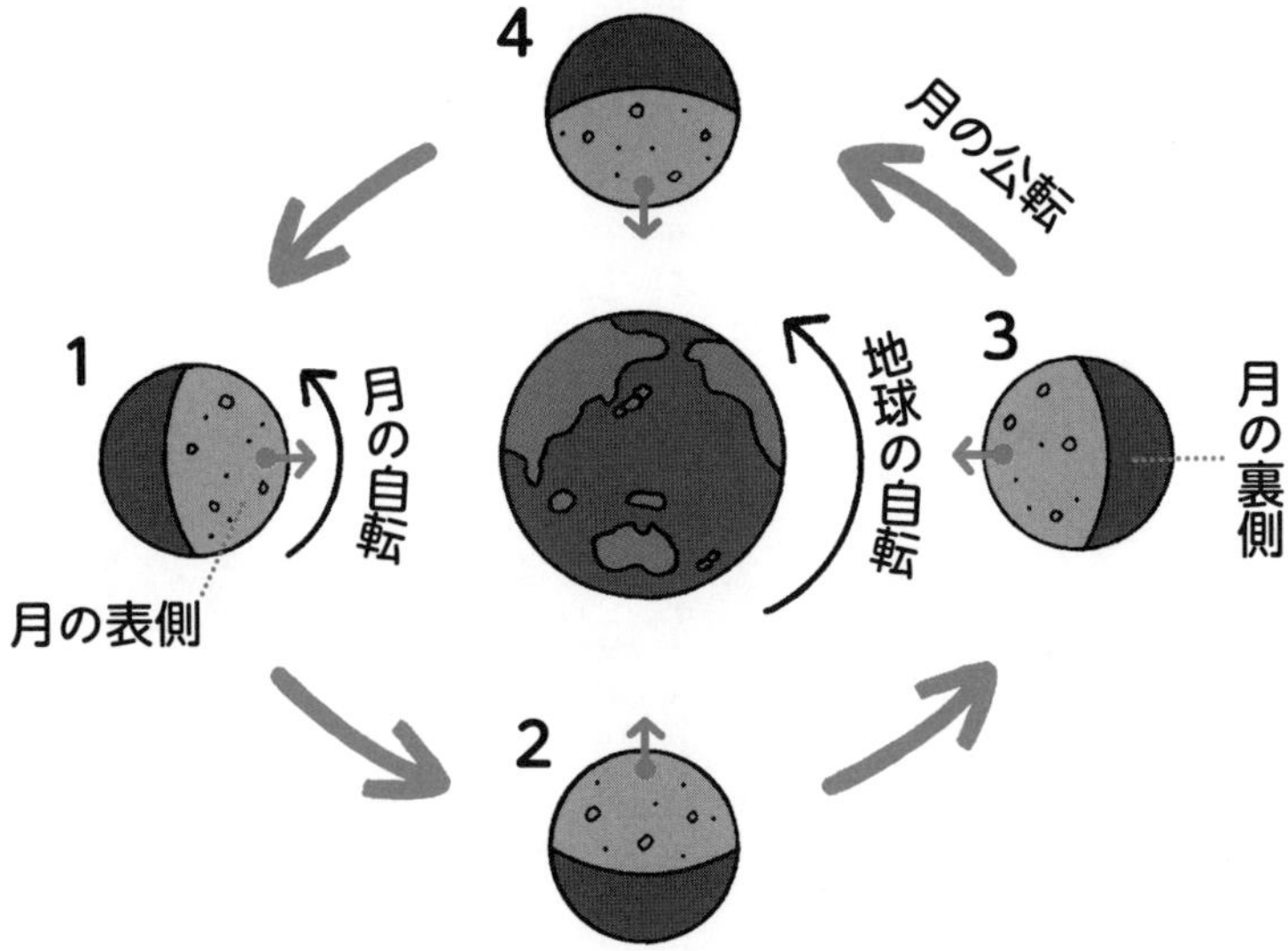

月と地球は自転の方向が一緒で、月は地球を中心に公転している。月は自転と公転の周期が一緒なので、月が1の位置から2の位置に移動した場合、90度公転し、90度自転するため、地球から見える月の面は同じ側ということになる。同様に月が2→3、3→4、4→1と移動しても、見える側は同じとなる。

月の表側

地球から見える月の面（表側）は肉眼でも濃淡があることがわかる。濃い部分は玄武岩が噴出したことでできた「月の海」。©国立天文台

月の裏側

ルナ・リコネサンス・オービター(LRO)の画像から作成した月の裏側の全球図。表側と比較して「月の海」が非常に少ない。©NASA

⑮人間にとって月にはどんな魅力があるの？

▼宇宙開発や人類に役立つ多彩な資源が豊富

月には地球でもよく使われる資源が豊富にあることがわかっています。

たとえば、アルミニウムは月の高地にある鉱物斜長石に、またチタンは月の表側の月の海の部分の玄武岩に含まれています。また、鉄も月の岩石などに存在していることがわかっています。

月面でこれらの金属を採取精製できれば、宇宙探査に必要な建設材料やロケットの部品などに用いることができるでしょう。

気体の形ではないものの、酸素もあります。

それは月の岩石に含まれるイルメナイトで、チタンと鉄、酸素の化合酸化鉱物です。ここから酸素を抽出できれば、将来人間が月で生活するために必要な酸素が手に入るだけでなく、酸素を化合物として利用し、アルミニウムからロケット燃料や、水をつくることもできるのです。

また、月の表面にある砂（レゴリス）に含まれるヘリウム3という物質も要注目です。

ヘリウム3は太陽のなかの核融合反応ででき、太陽風に乗って月へ届きます。月には大気がないため、そのままレゴリスに吸着されています。

このヘリウム3を水素の一種である重水素と核融合すると大きなエネルギーが発生するのです。

もし、これが実現できれば**放射性廃棄物もなく、原子力より大きいエネルギーを生み出せる**ことになります。

この莫大なエネルギーを地球に送ったり、月面で活用したりすれば、大きなエネルギー源を手に入れられると注目されています。

このように、将来、人間が月で生活するために、また限りある地球の資源を補完するためにも、月の資源は大きな魅力なのです。

◉月の資源◉

アルミニウム	アルミニウムは、月の高地にある「斜長石」という鉱物に大量に含まれている。なかには斜長石を90％以上含む岩石もある。月のアルミニウムは、地球から持ち込んだ炭素や塩素と化合させて取り出す予定。炭素と塩素はリサイクルできる。
酸素	月には大気がないため、岩石のなかの酸素と化合した酸化鉱物から取り出す。なかでも、イルメナイトという、チタンと酸素が結びついた鉱物が豊富だ。イルメナイトから酸素を取り出すには、水素や炭素を加えて熱するという方法が一般的。
水素	水素は、ロケットの燃料や水をつくるための材料にもなる。水素は太陽風に含まれていて、月の砂(レゴリス)に吸着されているが、ごく少量しか含まないため、大量のレゴリスを処理する必要がある。レゴリスを加熱することで水素を取り出す。
チタン	チタンは、月の表側、海の部分にある玄武岩という黒っぽい岩石に含まれている。ただ、どのくらいの量があるかは不明のため、今後ガンマ線分光計などを使って、月の元素の分布を調べる必要があると考えられている。
鉄	鉄は月の岩石のなかや、鉱物に粒として含まれていることがある。鉄を取り出す鉱物として期待されているのがイルメナイトだ。イルメナイトはチタン鉄鉱とも呼ばれ、酸素とチタンを取り出すときに、副産物として鉄も取り出すことができる。
ヘリウム3	ヘリウム3は、レゴリスにごくわずかに含まれている気体で、核融合発電でエネルギーを産み出せるのではないかと期待されている。
レゴリス	レゴリスは金属や水素などを取り出すための資源の素材として重要。またレゴリスを焼き固めてレンガやガラスブロックをつくることで、太陽熱を蓄積するための材料や建設資材として使うことができる。

上記以外にも、月の資源としてケイ素がある。ケイ素は半導体の材料などに使うことができる。ほかにはマグネシウムやカルシウムなどもある。

⑯ 月探査はどれくらい前からはじまったの？

▼約70年前に月探査競争の火蓋が切られた

人類がはじめて月面着陸を成し遂げたのは、1969年のこと。アメリカのアポロ計画によるものでした。

実は、それより10年以上前の1950年代半ばから、当時、**東西冷戦状態だったアメリカと旧ソ連（現ロシア）の間で、激しい宇宙開発競争がくり広げられていました。**

月の探査に関しては、旧ソ連が1959年にルナ計画をスタート。月探査機ルナ2号により人工物による初の月面到着、月の裏側の撮影（同年・ルナ3号）、初の軟着陸（1966年・ルナ9号）などを成功させ、有人による月面着陸を目的としたソユーズ計画を立て、有人飛行とそのためのロケットの開発を進めます。

一方アメリカも衛星からの情報をもとに月の研究をするため、1961年から「レインジャー計画」をスタート。9基の月探査機を打ち上げ、軟着陸（サーベイヤー号）や月周回（ルナ・オービター）などを成功させました。そして、有人探査を目的とするアポロ計画に着手しました。

無人探査で先をいっていた旧ソ連ですが、有人探査では1961年にガガーリンが世界初の有人宇宙飛行に成功し、競争をリードしたものの、やがてアメリカに遅れをとるようになり、1969年、ようやく完成したロケットの打ち上げに失敗。その半年後、**アメリカのアポロ11号が人類初の月面着陸に成功**しました。

その後も、**アメリカはアポロ計画で合計6度の有人月面着陸に成功**しており、世界で唯一月に人を降り立たせた国となりました。しかし、1976年の旧ソ連の月探査を最後に世界の月探査は一時、中断しました。

◎米ソの月探査競争の年表(1959～1972年)◎

1959年	9月12日	ルナ2号	旧ソ連	月「晴れの海」に衝突(1959/09/14)
1959年	10月4日	ルナ3号	旧ソ連	月の近くを通過、月裏側の撮影に成功
1963年	4月2日	ルナ4号	旧ソ連	月から8,500キロメートル付近を通過
1966年	1月31日	ルナ9号	旧ソ連	月着陸「あらしの海」(1966/02/03)
1966年	5月30日	サーベイヤー1号	アメリカ	月着陸「あらしの海」(1966/06/02)
1966年	12月21日	ルナ13号	旧ソ連	月着陸「あらしの海」(1966/12/24)
1967年	4月17日	サーベイヤー3号	アメリカ	月着陸「あらしの海」(1967/04/19)
1967年	9月8日	サーベイヤー5号	アメリカ	月着陸「静かの海」(1967/09/11)
1967年	11月7日	サーベイヤー6号	アメリカ	月着陸「中央の入江」(1967/11/10)
1968年	1月7日	サーベイヤー7号	アメリカ	月着陸「ティコ・クレータ」(1968/01/10)
1968年	9月14日	ゾンド5号	旧ソ連	月を周回後、地球に帰還、動物を搭載した
1968年	11月10日	ゾンド6号	旧ソ連	月を周回後、地球に帰還
1968年	12月21日	アポロ8号	アメリカ	月周回後、地球に帰還、有人
1969年	5月18日	アポロ10号	アメリカ	月周回後、地球に帰還、有人
1969年	7月16日	アポロ11号	アメリカ	月着陸「静かの海」(1969/07/20)、有人
1969年	8月7日	ゾンド7号	旧ソ連	月を周回後、地球に帰還
1969年	11月14日	アポロ12号	アメリカ	月着陸「あらしの大洋」(1969/11/19)、有人
1970年	4月11日	アポロ13号	アメリカ	事故発生、月を回って地球に帰還、有人
1970年	9月12日	ルナ16号	旧ソ連	月着陸(1970/09/20)、サンプルリターン(無人)
1970年	10月20日	ゾンド8号	旧ソ連	月を周回後、地球に帰還
1970年	11月10日	ルナ17号	旧ソ連	月着陸「雨の海」(1970/11/15)、ルノホート1号(無人ローバー)を使用
1971年	1月31日	アポロ14号	アメリカ	月着陸「ファラウマロ高地」(1971/02/05)、有人
1971年	7月26日	アポロ15号	アメリカ	月着陸「アペニン山脈」と「ハドリー谷」間(1971/07/30)、有人、ローバーを使用
1972年	2月14日	ルナ20号	旧ソ連	月着陸「豊かの海」(1972/02/21)、サンプルリターン(無人)
1972年	4月16日	アポロ16号	アメリカ	月着陸「デカルト高地」の南(1972/04/21)、有人、ローバーを使用
1972年	12月7日	アポロ17号	アメリカ	月着陸「タウルス・リトロー地域」(1972/12/11)、有人、ローバー使用

※「月探査報道ステーション」HPより抜粋 https://moonstation.jp/

上の年表は、旧ソ連が「ルナ２号」を打ち上げた1959年から、アメリカが最後に打ち上げた「アポロ17号」までの、主な米ソの月探査の年表。どちらの国も１年間に何台ものロケットを打ち上げ、月探査を競い合っていたことがわかる。そのおかげで月についてさまざまなことがわかった。

⑰これからの月探査はどうなるの？

▼国際プロジェクトで各国が協力して探査

アポロ計画終了後、月や惑星への有人飛行は中断されていました。しかし、近年、月探査がまた世界的に加熱しています。

その発端はアメリカが2004年に発表し、国際宇宙ステーションの輸送や月着陸などを計画していた有人月探査計画「コンステレーション計画」でした。しかし予算の問題もあり、この計画は頓挫しました。ところが、**2014年に「アルテミス計画」と名を変え再開**されました。

この計画では、2025年に初の女性宇宙飛行士による月面着陸。その後は、月に物資を運び、**多国間で月周回軌道上に有人の宇宙ステーションである「ゲートウェイ」という拠点を築き**、ここを拠点にした月の地質や環境の調査、月での人間の長期的居住の研究などを目指していました。

月面探査だけでなく、2030年代に火星有人着陸を目標に掲げ、**月を中継地点に火星やほかの惑星探査などの宇宙開発を進めていく計画**です。

はじめはアメリカ単独のプロジェクトでしたが、アメリカ航空宇宙局（NASA）とNASAが契約する米国の民間宇宙飛行会社、欧州宇宙機関（ESA）、カナダ宇宙庁（CSA）、オーストラリア宇宙庁（ASA）、ロシア、日本の宇宙航空研究開発機構（JAXA）などが参加を表明していて、現在は国際宇宙開発プロジェクトとして進められています。

着々と進むアルテミス計画

アルテミス計画第1弾（アルテミス1）として、2022年にNASAの有人宇宙船「オリオン」が、無人飛行で月面に近づき、深宇宙環境での点検が行われました。

◎アルテミス計画◎

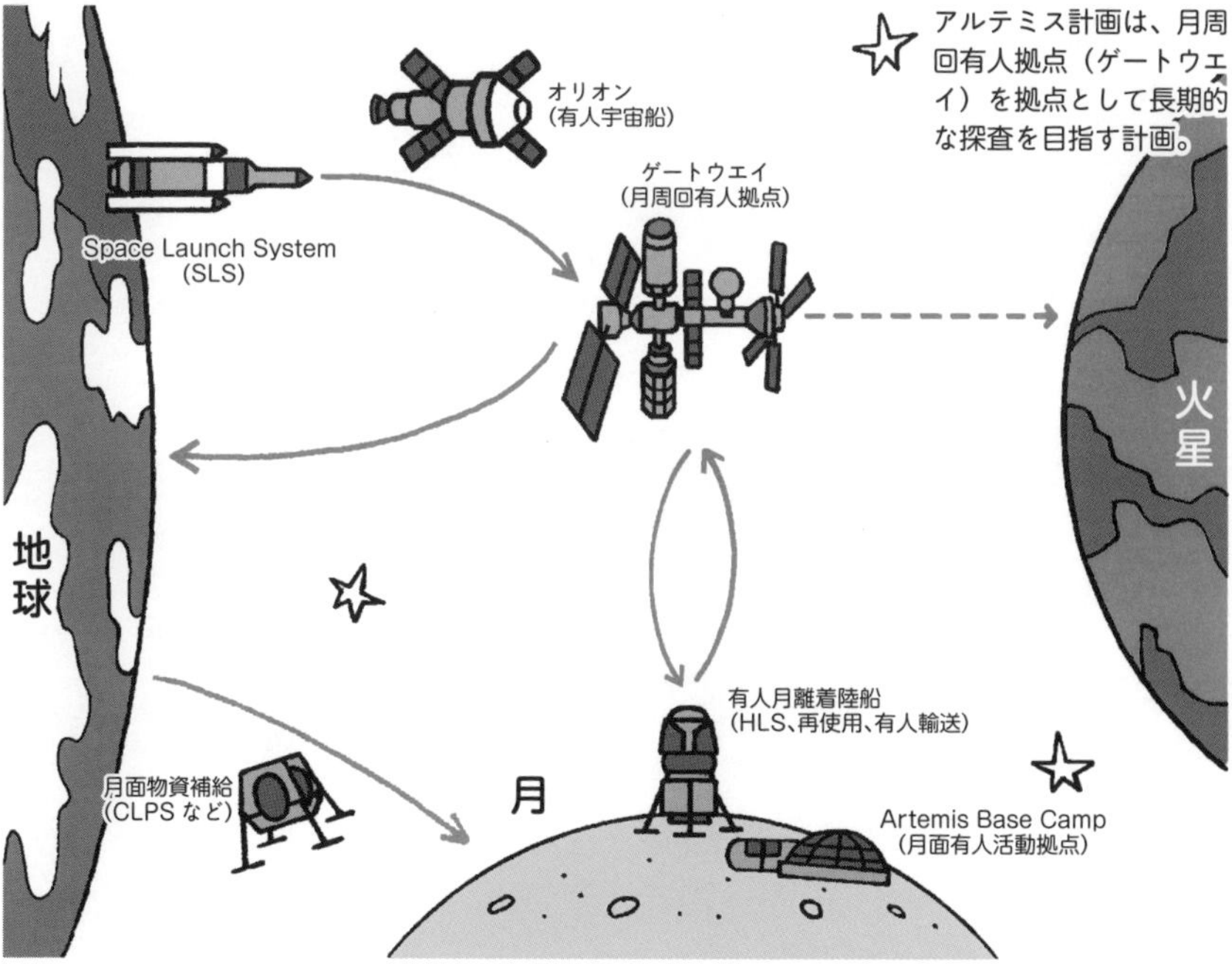

ゲートウエイとオリオンの各国の担当モジュール

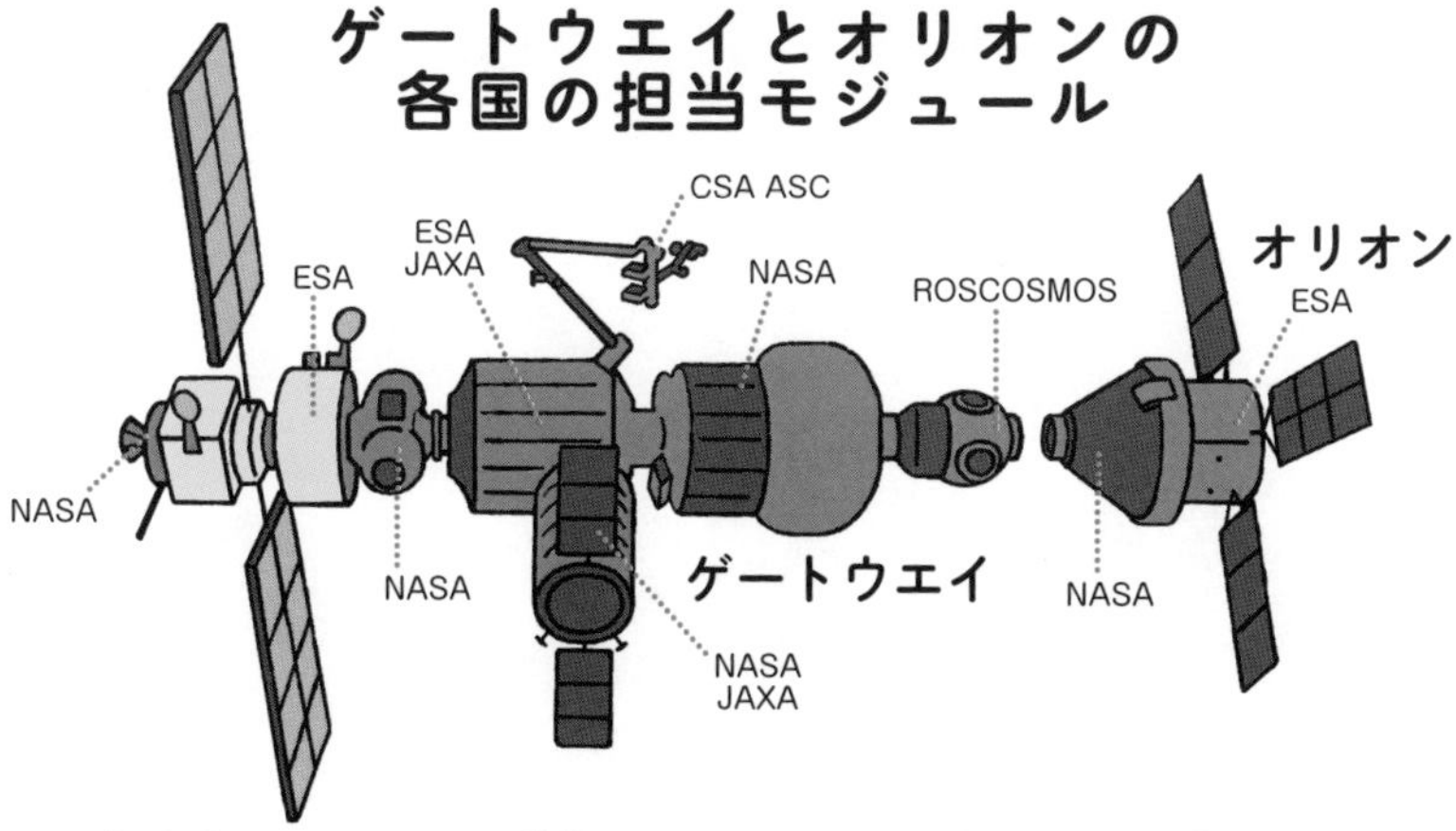

ゲートウエイとオリオンの構築には５つの国の宇宙機構と欧州宇宙機構の参画が決まっている。日本はESAと共同で国際居住モジュールの建設などを担当予定。NASA（アメリカ航空宇宙局）、ESA（欧州宇宙機関）、JAXA（宇宙航空研究開発機構／日本）、CSA ASC（カナダ宇宙庁）、ROSCOSMOS（ロスコスモス／ロシア）。

オリオン宇宙船はアルテミス計画や、将来の火星探査も想定してNASAが開発した有人宇宙船です。この飛行により、オリオンは地球から26万8563マイル（約43万2210キロメートル）のポイントに到達し、**有人飛行用に設計された宇宙船が到達した最遠距離を記録**しています。

2024年5月に予定されているアルテミス計画第2弾（アルテミス2）では、その後新たに開発が加えられたオリオンにNASAの宇宙飛行士3名と、CSAの宇宙飛行士1名の計4名を載せ、月周回飛行を行う予定です。

アルテミス計画第3弾（アルテミス3）は、初の女性と白人ではない人種の2名の宇宙飛行士を月面に着陸させ、長期的な月探査を行う予定となっています。

しかし、予算の問題や技術開発の遅れに加え、2019年ごろからはじまった新型コロナウイルス感染拡大により、2025年の実現を目指していたこの計画ですが、2026年以降になる公算が高いといわれています。

いずれにせよ、もしこの計画が**実現できたら、月面に人が降り立つのは、アポロ計画以降約50年ぶり**となります。

アルテミス計画での日本の役割

日本は2019年10月、アルテミス計画への参加を表明しました。

アルテミス計画において日本は、ゲートウェイ居住棟などへの機器の提供およびゲートウェイへの物資補給を担当することが決まっています。また、探査機が取得した月面データの共有、有人与圧ローバの開発など、将来の有人月面着陸や持続的な月面探査の実現に向けた準備を進めています。

月資源への注目は世界的なものとなっていて、アルテミス計画以外にも、中国、インド、ロシアなどが月探査をしたり、中東が宇宙開発投資を行ったりと、月への探査や開発に世界が熱くなっています。

このようなことから、いよいよ宇宙探査の新時代が幕あけしたといってよいでしょう。

◎アルテミス計画での日本の役割◎

1．ゲートウェイ居住棟への機器の提供、補給

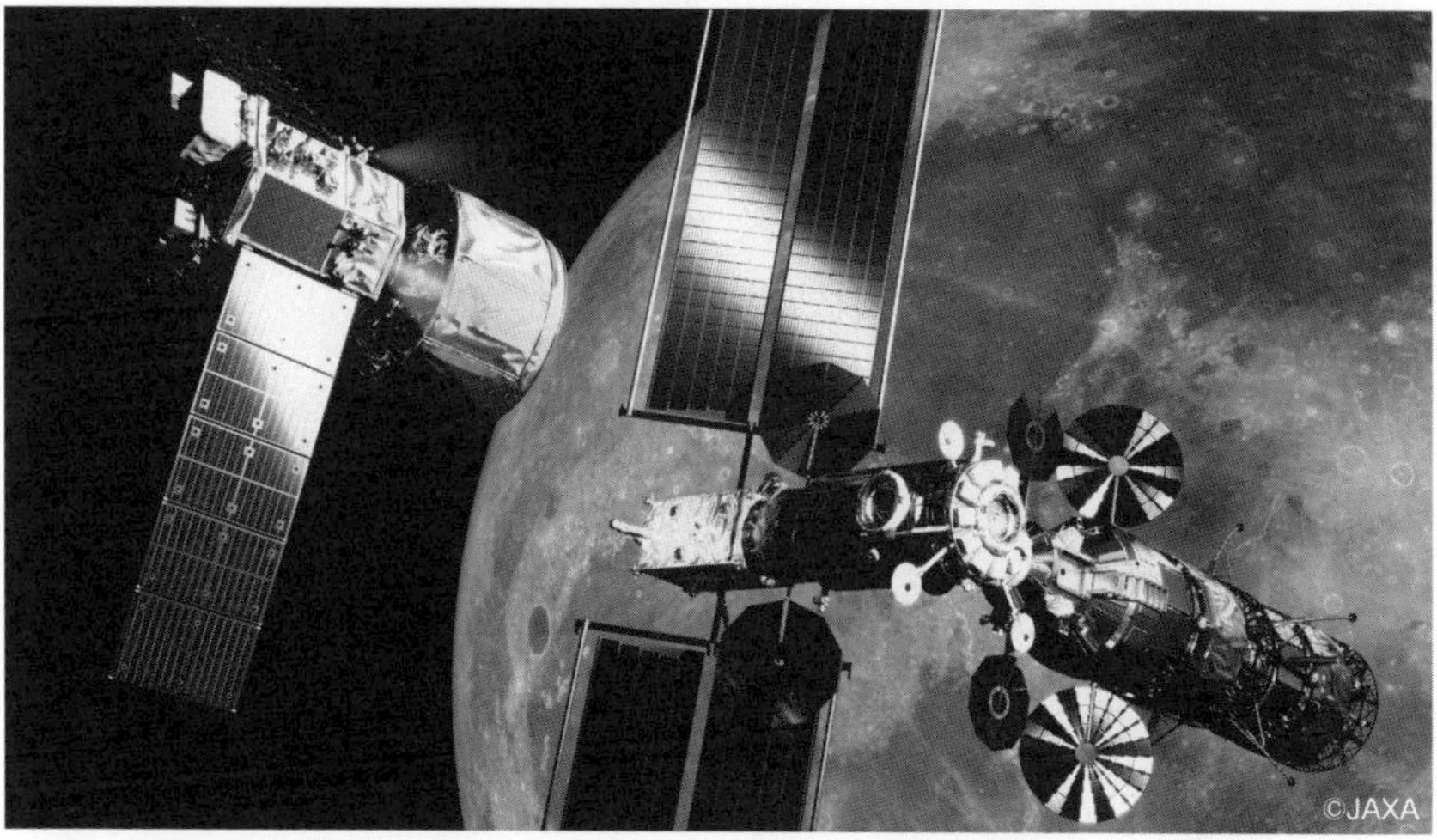

ゲートウェイとゲートウェイ補給機ゲートウェイのミニ居住棟 (HALO) へのバッテリの提供、国際居住棟 (I-Hab) の居住機能（環境制御•生命維持装置）などの提供。近い将来HTV-X発展型によるゲートウェイへの物資補給も検討中。

2．探査機による月面データの共有

有人月面着陸の着陸地点の選定について日本の探査機のデータを提供。2023年度に打ち上げ予定の小型月着陸実証機SLIM、2023～2024年度に打ち上げを目指す月極域探査ミッション（LUPEX）のデータや技術を共有する。

⑱ 月の資源はだれのものなの？

▼世界的な宇宙ビジネスの加熱で宇宙法が改定

地球の資源には限りがあります。その意味でも、豊富な資源があると考えられている月や火星などの探査を進め、利用可能な資源を探し求める動きは加速しています。

アメリカやヨーロッパの国々では、小惑星の資源を採掘するための宇宙資源採掘のためのベンチャー企業などがいくつも立ち上がっています。また、中東の産油国でも小惑星に存在する水を中心とした宇宙資源開発のための投資が加速しています。

今、端緒についた宇宙の資源開発ですが、今後開発が進んで宇宙の鉱物資源などを地球に持ち帰って利用する際に問題になるのが、**「宇宙資源はだれのものか」**ということです。

宇宙は全人類に属するものですが、宇宙空間とその利用に関しては、１９６７年の宇宙条約を基本に国内および国際宇宙法として法律がつくられており、資源採掘については、２０１５年にアメリカのオバマ政権が宇宙法を改定。アメリカの民間企業が採掘した宇宙の物質に対して、アメリカとしての権利を認めるという条項を承認しました。日本でもアメリカ、ルクセンブルグ、ＵＡＥに続いて、２０２１年６月に**民間企業が宇宙空間で採取した資源について所有権を認めることを定めた宇宙資源法（宇宙資源の探査及び開発に関する事業活動の促進に関する法律）が国会で成立。**これに伴い、民間による宇宙の鉱物や水などの探査や開発が許可制で認められることとなりました。

これまでの宇宙開発、探査は国主体で行われていたのに対し、これからは世界的に民間企業による宇宙事業がさかんに行われるようになると考えられています。

◎日本の宇宙の資源に関する法律◎

宇宙資源法

宇宙資源法は、2021年6月15日に成立。これによって許可を得ている事業者が事業計画通りに採掘などして得た宇宙資源は、採掘した事業者の所有物となる、ということが明確になった。宇宙資源法の成立は、米国とルクセンブルク、アラブ首長国連邦に続く4カ国目である。

◎日本のそのほかの主な宇宙に関する法律－宇宙二法－◎

2018年11月15日に施行された「宇宙二法」とは「宇宙活動法」と「衛星リモートセンシング法（衛星リモセン法）」のこと。この法律は、今後日本で宇宙開発を行う際の基本ルールとなる。

宇宙活動法

正式名称は「人工衛星等の打上げ及び人工衛星の管理に関する法律」。人工衛星の打上げ、管理及び打上げの際に生じた第三者損害の賠償に関するルールである。

衛星リモートセンシング法

衛星リモートセンシングとは、衛星に搭載したセンサーで、天体の表層や地表を観測すること。この法律では、①リモセン装置の許可制度、②リモセン記録を保有する者の義務、③リモセン記録を取り扱う者の認定などについてルール化している。

星々との暮らし②

月の呼び名の意味

日本ではかつて、月の満ち欠けを基準にした太陰暦を使っていたことから、月の呼び名も暦と密接な関係があります。

太陰暦では、月が太陽と重なって見えなくなる、新しい月の生まれる日が月のはじまり。一日を「ついたち」と読むのは、新しい月が立てられる＝「つきが立つ」が転じて「ついたち」となったのです。

「三日月」は新月から3日目に見える細い月。7日目ごろには半月となりますが、弓を張った弦《つる》に見立てて「弦月《げんづき》」と呼びます。

新月から満月になる前の半月を「上旬の弦月」、転じて「上弦の月」と呼びます。満月から欠けていった半月は月の21、22日ごろに見えますから、「下旬の弦月」で「下弦《かげん》の月」と呼び分けます。

この上弦・下弦の月の見分け方を、弦である欠けている側が下を向いていると下弦、その逆を上弦と思っている人が多いのですが、それは間違いです。

上弦の月は昼間出て深夜に沈み、下弦の月は深夜に出て昼間に沈みますので、夕方見られる半月は上弦の月、明け方に見られる半月は下弦の月となります。

さて、太陰暦で一日に生まれた新月は15日ごろに満月となります。それで、満月のことを「十五夜お月様」と呼ぶのです。

また、古文などで出てくる月末を表す「晦《つごもり》」という言葉。これは下旬になり、月が東の地平線に近づいて、ほとんど見えなくなる「月がこもる」という意味から「つごもり」という言葉が生まれたのです。

第3章
恵の母・太陽という星

19 太陽はどうやって誕生したの?

▼水素による核融合で生まれた

地球がある太陽系は、太陽という恒星を中心にできています。

地球から太陽までの平均距離は約1億4960万キロメートルで、光の速さで約8分20秒かかります。

直径は地球のおよそ109倍。質量は地球の33万倍で、これは太陽系の全質量の99・86パーセントを占め、太陽系のすべての天体に重力の影響を与えています。

こんなに大きな太陽ですが、**天の川銀河では標準的な恒星の1つにすぎません。**

では、太陽はどのようにして生まれたのでしょうか?

宇宙は「インフレーション」と「ビッグバン」をきっかけ、138億年前に誕生したと考えられています(134ページ参照)。

ビッグバンによって物質のもととなる素粒子が生成されたのですが、初期の宇宙に存在した元素は、ほとんどが水素だったとみられています。

その水素が集まり「分子雲」と呼ばれる星雲を形成します。分子雲は「育星場」「星のゆりかご」などと呼ばれ、このなかで星は育っていきます。

太陽も分子雲から誕生しました。

分子雲のなかで、密度の高い「分子雲コア」がいくつも生まれて、自分の重力でどんどん収縮して「原始星」になります。原始星は周囲のガスやちりを吸収しながらさらに収縮します。

やがて中心部の密度が高まり、核融合が起こるようになります。さらに中心の温度が1000万度以上もの高温になって、明るく輝き出し、いまの太陽として成長していったと考えられるのです。これが46億年前のことです。

◎太陽が生まれるまでの流れ◎

分子雲コア

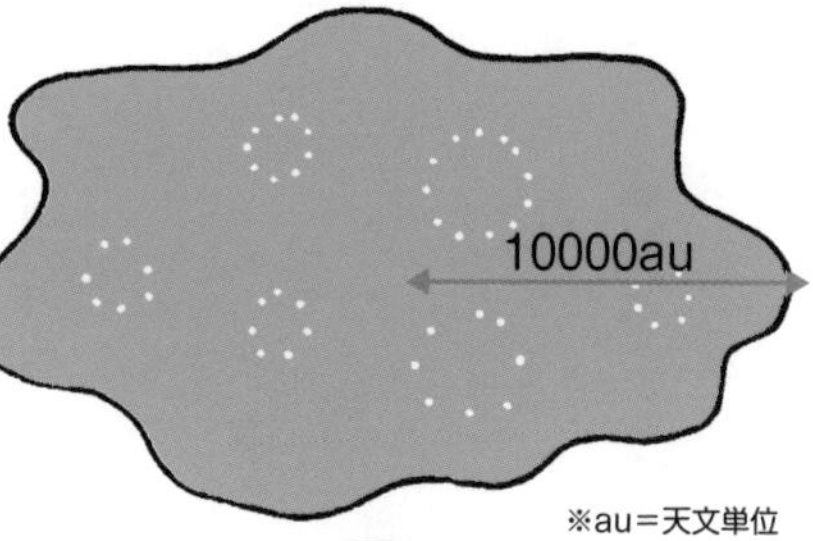

※au＝天文単位

分子雲は星雲の一種で、大部分は水素分子でできている。典型的な大きさは直径100光年、質量は太陽の10万倍。そのなかで、分子雲コアというかたまりができる。

原始星

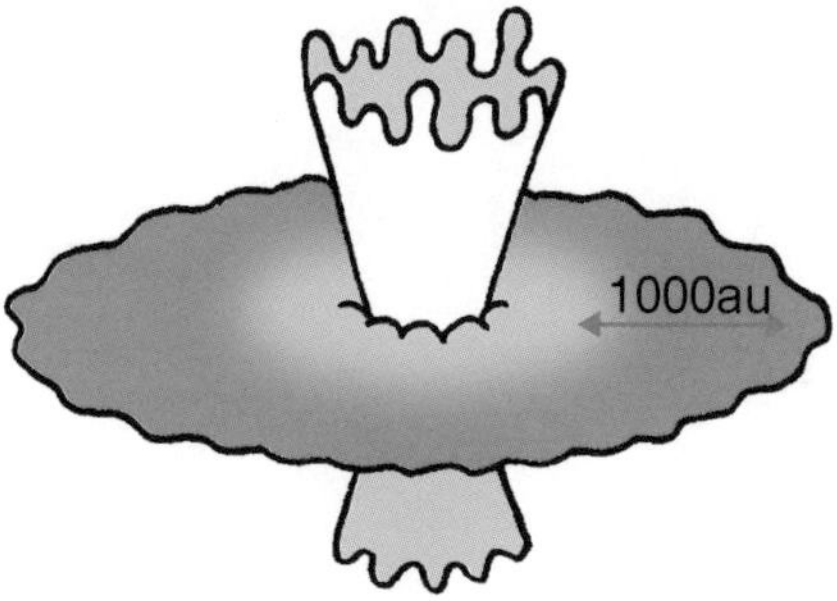

ちりをふくむ星間ガスのかたまりで、ガスが圧縮され高温になり、赤外線や電波を放射する。

微惑星

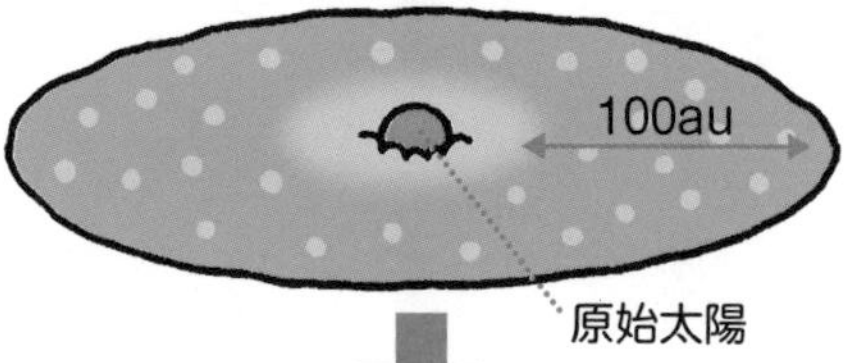

原始太陽の周りには「原始惑星系円盤」と呼ばれるガス円盤ができる。原始惑星系円盤にはごく小さなちりがふくまれ、それが集まって微惑星をつくる。

現在の太陽系

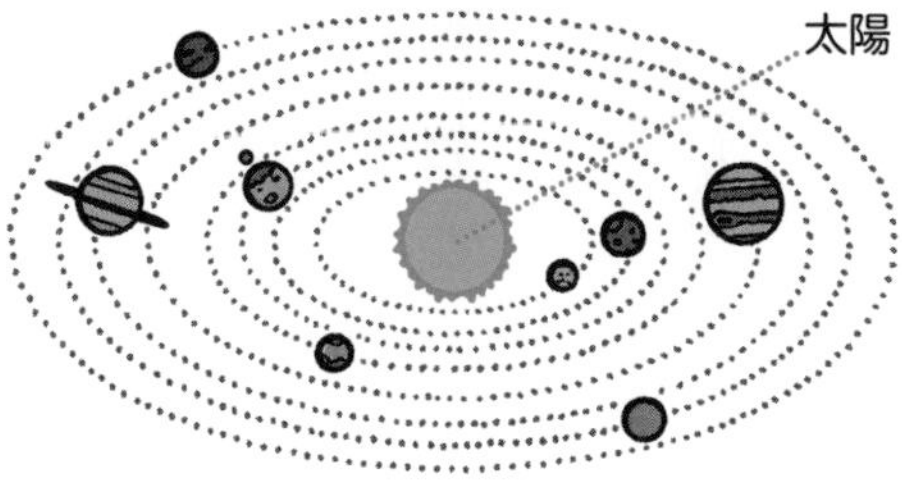

太陽が完成し、太陽を取り巻いていた原始惑星系円盤から現在の惑星ができ上がった。

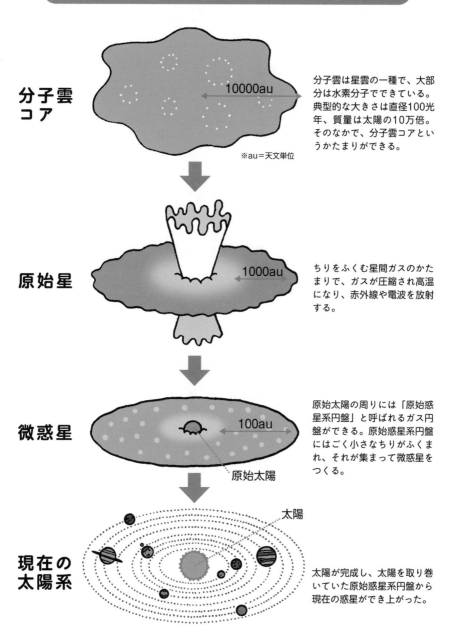

20 太陽の構造はどうしてわかるの？

▼太陽の表面の振動から内部の構造を推測

太陽の周囲のコロナは100万度といわれています。

そんな星に人類が行くことはできません。ましてや、太陽の内部に探査の手を伸ばすことは不可能といっていいでしょう。

では、太陽の内部がどうなっているかを調べるにはどうしたらいいのでしょうか？

実は、太陽の中心部の密度と温度がどれほどのものになり、その環境のなかで水素の原子核がどのようにふるまうのかということは、コンピュータによるシミュレーションなどで計算できました。

しかし、それがほんとうに正しいのかどうかはだれにもわかりませんでした。

それを調べる手段として登場したのが、**太陽の表面に現れる振動を解析する方法です。これが「日震学《にっしんがく》」です。**

地球の内部構造を調べるとき、地震の伝わる速度を用いる方法があります。

地震が伝わる速度は地球内部の密度によって異なり、地震波が伝わってきたデータを集めれば、地球内部の構造を推測することができます。

日震学の考え方は、これとほぼ同じです。

太陽を観察していくと、ほぼ5分周期で振動することがわかりました。これを「太陽の5分振動」と呼びます。

太陽の表面に現れるこの振動を解析することによって、地球と同じように内部構造を推測することができるようになったのです。

その結果、核融合を起こしている「中心核」、電磁波でエネルギーを運ぶ「放射層」、半径の30パーセントの深さから表面までの「対流層」、という構造になっていることが確かめられたのです。

◎太陽の構造◎

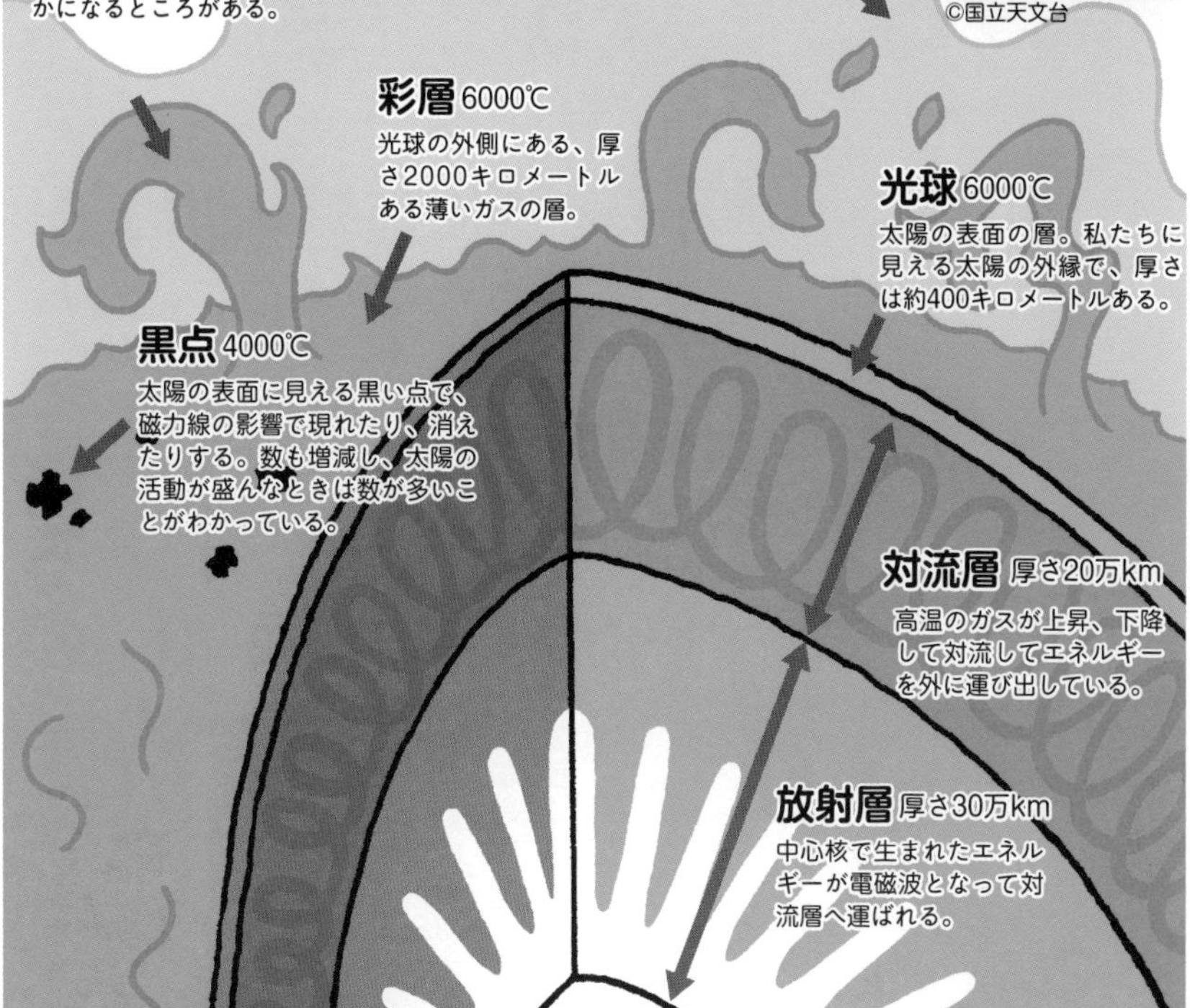
プロミネンス 10000℃
太陽の表面のガスが、磁力線で上空にもち上げられたもの。光球より薄いガスでできている。場所によって活動が活発になるところと、おだやかになるところがある。
コロナ 100万℃
太陽の周りを包む、薄いガスの層。普段は見ることはできないが、皆既日食のときに太陽を見ると、太陽の周りがあわく光っているのがわかる。それがコロナ。
彩層 6000℃
光球の外側にある、厚さ2000キロメートルある薄いガスの層。
光球 6000℃
太陽の表面の層。私たちに見える太陽の外縁で、厚さは約400キロメートルある。
黒点 4000℃
太陽の表面に見える黒い点で、磁力線の影響で現れたり、消えたりする。数も増減し、太陽の活動が盛んなときは数が多いことがわかっている。
対流層 厚さ20万km
高温のガスが上昇、下降して対流してエネルギーを外に運び出している。
放射層 厚さ30万km
中心核で生まれたエネルギーが電磁波となって対流層へ運ばれる。
中心核 1500万℃ 直径20万km
4個の水素原子核が激しくぶつかり合って、1つのヘリウム原子核になる核融合によって、エネルギーが生まれている。

©国立天文台

21 太陽は星が燃えているの？

▼中心で起こる核融合によって巨大なエネルギーを放出

地球上の生命のほぼすべては、太陽エネルギーのおかげで生きています。人類の文明を支える化石燃料も、水力や風力などの自然エネルギーも、太陽エネルギーが変化したものなのです。

では、太陽のエネルギーはどのようにして生み出されているのでしょうか？

それは、なにかが燃えているのではありません。太陽はすでに46億年もの間エネルギーを生み出し続けています。いくら太陽が大きいとはいえ、そんなに長い間燃え続けていられる燃料は存在しません。

そもそも太陽は、地球や月のような岩盤の地殻がなく、気体でできた星なのです。

太陽エネルギーの源は、核融合です。

太陽の中心核は直径20万キロメートルで、1500万度、2500億気圧という高温・高圧状態になっています。ここで、水素原子核がヘリウム原子核に変わる核融合が起こり、巨大なエネルギーを生み出しているのです。

こうしてつくられたエネルギーは、厚さ30万キロメートルの放射層と、同じく20万キロメートルの対流層を、およそ数十万年かけて通り抜け、表面に出ます。**内側から放出された光や熱で、太陽は真っ赤に燃えているように見えるのです。**

太陽エネルギーは太陽風とともに宇宙空間へと放出されますが、地球に届くのはそのうちの20億分の1だといわれています。

太陽の活動は、およそ11年の周期で強弱のリズムをくり返しています。活動が活発なときに多く現れるのが黒点です。

そして、黒点の減少と地球の気候変動には関係があることがわかっています。

◎太陽エネルギーが生み出されるしくみ◎

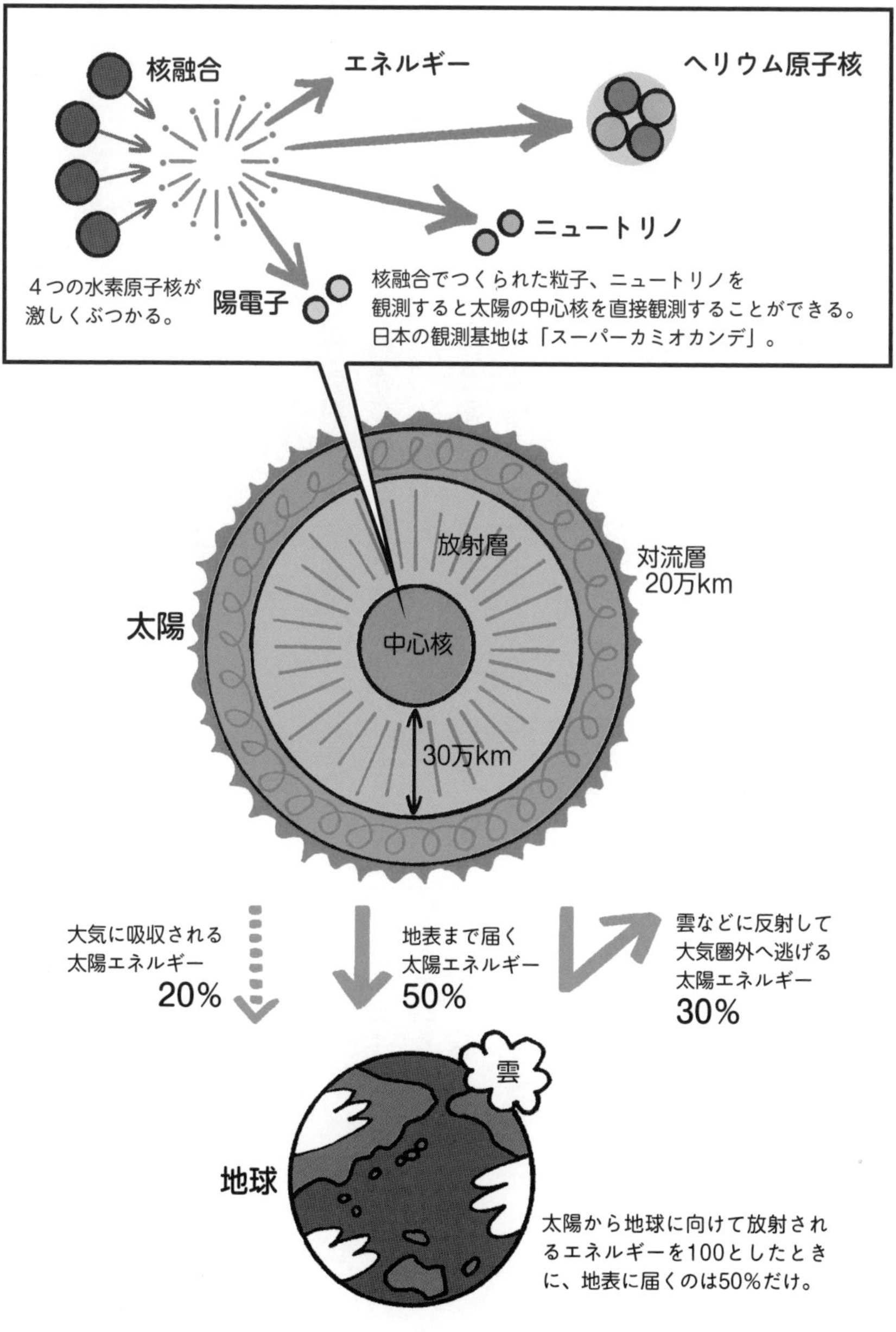
核融合
エネルギー
ヘリウム原子核
ニュートリノ
陽電子
4つの水素原子核が
激しくぶつかる。
核融合でつくられた粒子、ニュートリノを
観測すると太陽の中心核を直接観測することができる。
日本の観測基地は「スーパーカミオカンデ」。
放射層
対流層
20万km
太陽
中心核
30万km
大気に吸収される
太陽エネルギー
20%
地表まで届く
太陽エネルギー
50%
雲などに反射して
大気圏外へ逃げる
太陽エネルギー
30%
雲
地球
太陽から地球に向けて放射されるエネルギーを100としたときに、地表に届くのは50%だけ。

㉒ 太陽フレアはどうして起こるの？

▼日本の太陽観測衛星によってわかった「磁場の変化」

太陽フレアというのは、太陽表面で起こる爆発現象のことです。その形が火炎（フレア）のように見えることから、こう名づけられました。

爆発の威力は、水素爆弾10万個から1億個と同じくらいだといわれていて、いかに激しい爆発であるかがわかります。

フレアが発生すると、多くのX線、ガンマ線、高エネルギー荷電粒子が宇宙空間に大量に放出されます。それらが地球に到達すると、地球のバリアである地球磁場が乱されて磁気嵐が発生します。また、電離層にも悪影響を与えて、通信障害を引き起こします。これを「デリンジャー現象」といいます。

実は、美しい天体ショーとして大人気のオーロラも、フレアによって規模が大きくなります。

太陽活動については解明されていないことが多く、フレアの発生も長年謎とされてきました。

その解決の糸口をもたらしたのが、日本のX線太陽観測衛星「ようこう」です。

太陽活動極大期の太陽大気（コロナ）や、そこで起こる太陽フレアなどの高エネルギー現象を高い精度で観測することを目的として、1991年に打ち上げられた観測衛星です。

「ようこう」が世界ではじめて太陽活動の1周期（約11年）をほぼ連続して観測した結果、フレアの発生原因は、コロナで突然起こる磁場の変化であることがわかりました。

磁力線は太陽表面からアーチ状に立ち上がりますが、アーチの間が近接すると、磁力線のつなぎ替えによって磁場に蓄えられたエネルギーが瞬時に開放され、爆発します。

この爆発こそがフレアなのです。

◎太陽フレアのメカニズム◎

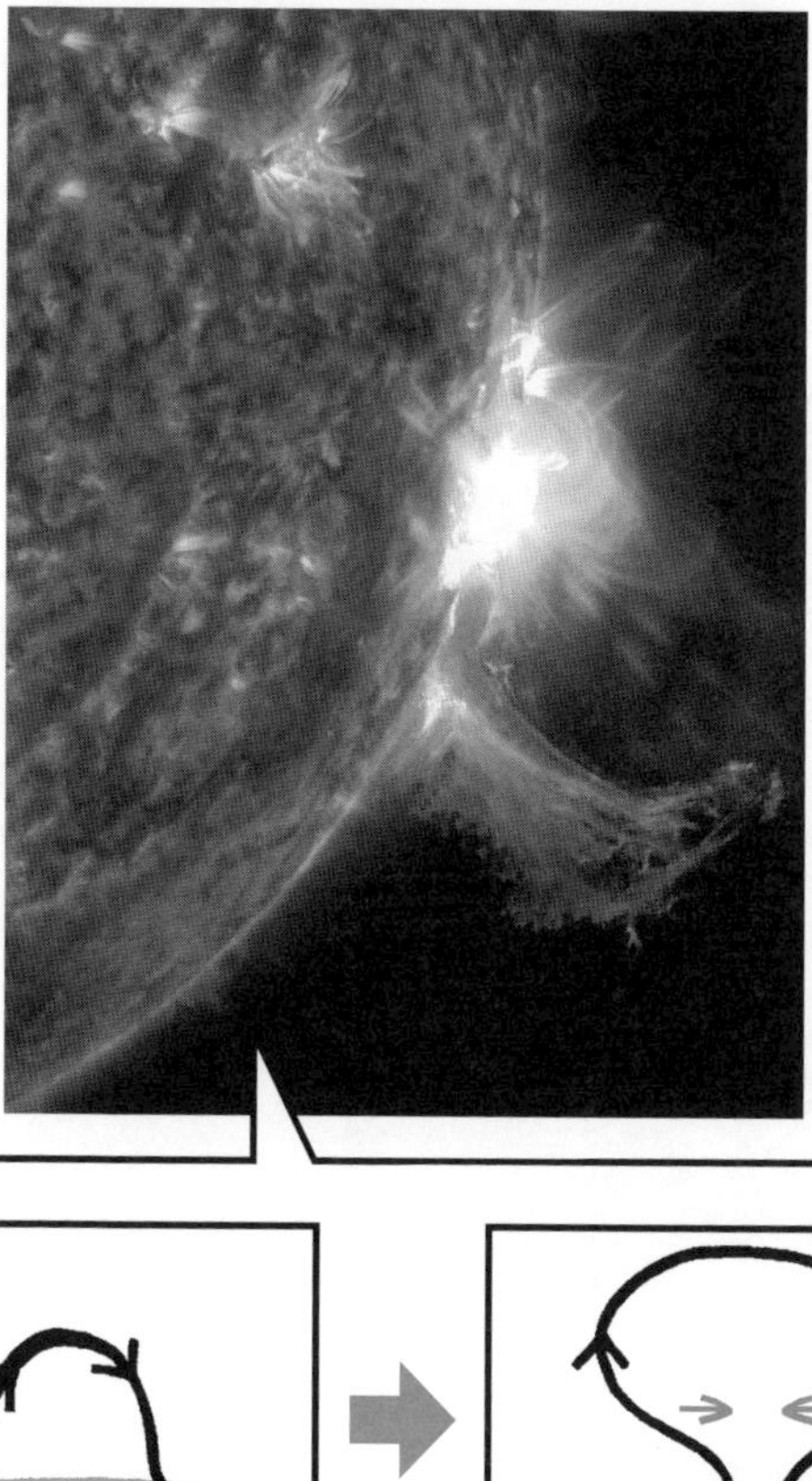

左の太陽の表面から右側に大きく飛び出しているのが太陽フレア。強い光も発している。
NASA/Goddard/SDO

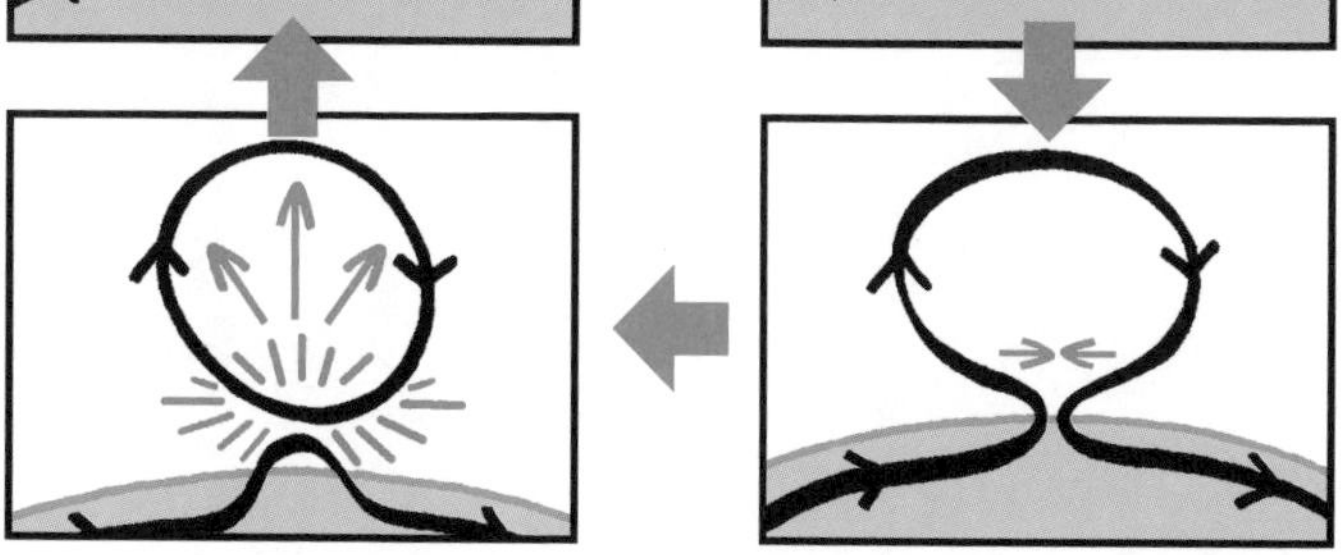

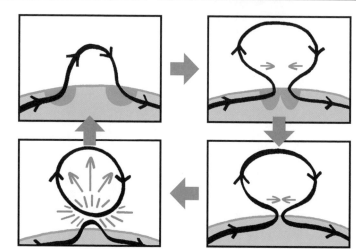

太陽磁場の磁力線が、太陽の自転に伴い引き伸ばされ、よじれて太陽表面に飛び出す。このループが切れると、高温のプラズマが大量に飛び出し、フレアとなる。

㉓ 太陽が地球を動かすエンジンってホント？

▼地球の大気と水の大循環は太陽のおかげ

太陽から放出されたエネルギーで、地球に届くのはわずか20億分の1だといわれています。

こうして地球に届いたエネルギーも、雲や地表面による反射などで、その3割近くは宇宙空間に放散されています。

地球はほぼ球形です。赤道付近では真上から太陽のエネルギーを受けられますが、高緯度の北極や南極地域では斜めに受けることになり、面積に対して受け取るエネルギーが少なくなります。

それに氷雪による反射が加わります。地表面が氷雪に覆われているエリアでは、反射率が80パーセントに達します。

つまり太陽のエネルギーを受け取りにくい極地域は氷雪を蓄えやすく、そのために反射率も上がって、寒冷化がさらに進行するのです。

このように、**赤道付近と極地域では太陽から受け取るエネルギーの差は非常に大きいのです。**もし熱エネルギーが移動しなければ、高緯度地域と低緯度地域の気温差は100度に及ぶと考えられます。

ところが、**この巨大な温度差こそが、地球全体の大気を動かす原動力となっているのです。**

高緯度地域が冷えると、低緯度地域の熱エネルギーは大気を通じて高緯度地域に移動します。エネルギー移動は水平方向にも起こり、地球全体の気候を調節する大気の大循環システムとなっているのです。

大気だけではなく、水も同様の大循環をします。温められた低緯度地域の海水は高緯度地域へと流れます。それが海洋大循環のシステムです。

まさに、太陽こそ「地球システム」を支えるエンジンといっていいでしょう。

◎地球に吹く6つの風◎

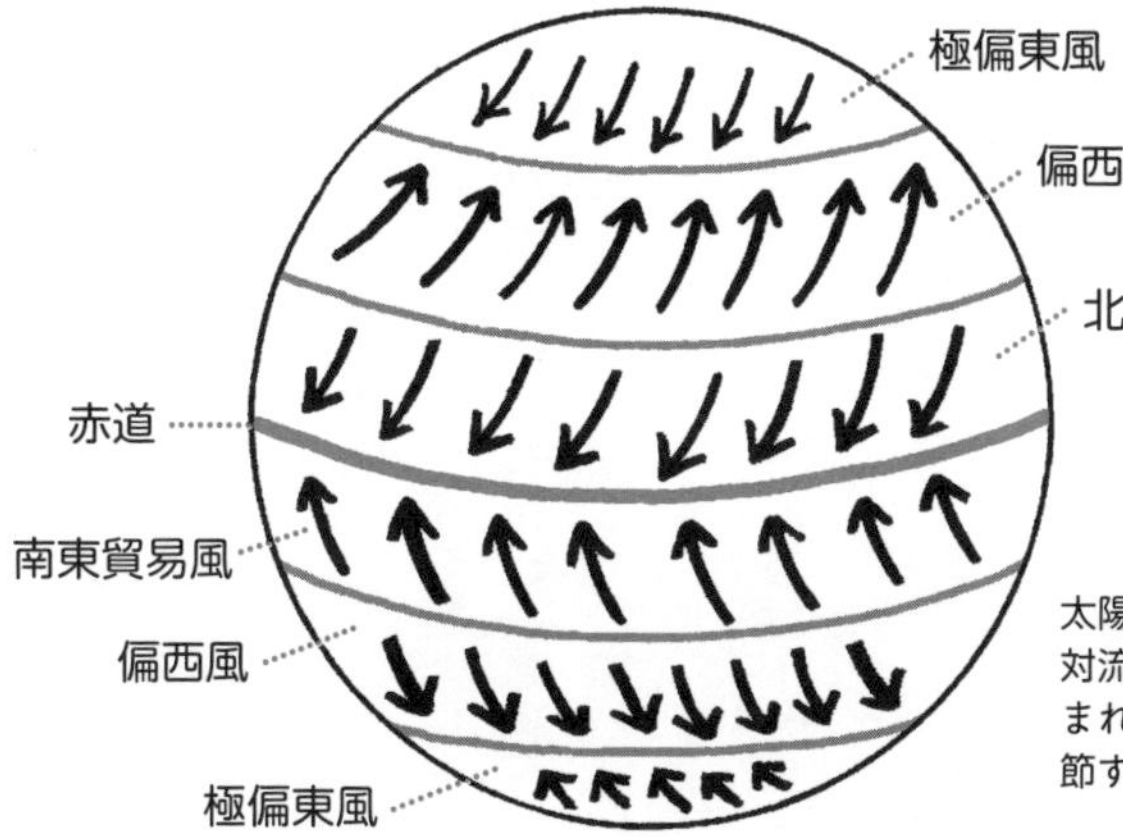

太陽エネルギーを受けると、空気の対流が起こり、大きな6つの風が生まれる。これが地球全体の気候を調節する大気の大循環システムだ。

コリオリの力

フランスの物理学者カスパール・コリオリが、19世紀はじめに研究した慣性の力の1つ。北半球では風の軌道は右にカーブし、南半球では左にカーブする。この、風などを曲げる力をコリオリの力という。

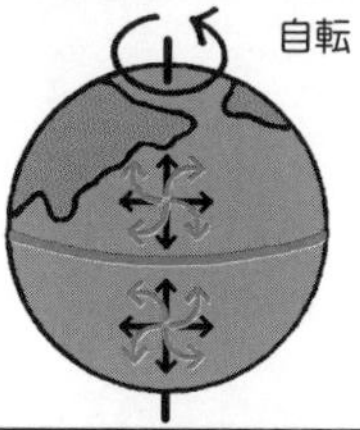

北半球では東西南北のどの方向へ進んでも、右向きの力を受ける。

南半球では左向きの力を受ける。

世界をめぐる海流

●寒流……おもに極地方向から赤道付近方面に流れる海流。
●暖流……おもに赤道付近から極地方向へ流れる海流。

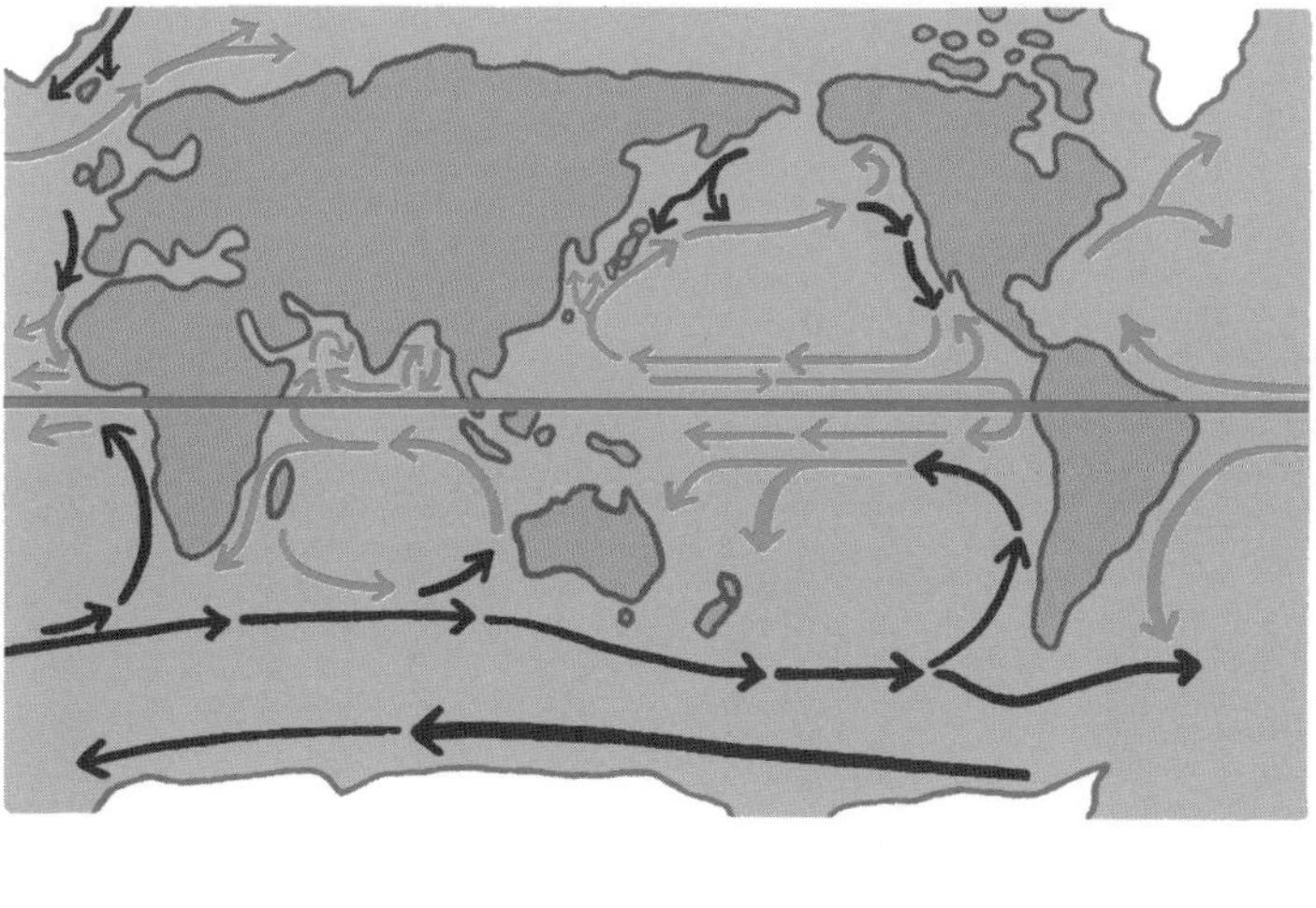

海流はつねに一定方向に流れていて、赤道をはさんで循環している。海流によって運ばれる温かい海水と冷たい海水は気候にも影響を与える。

24 地球温暖化は太陽のせいなの？

▼最大の原因は人間がつくり出した温室効果ガス

太陽は、太古の昔から地球を温めてきました。

しかも、誕生から46億年を経た現在、**太陽の明るさは誕生当時に比べて30パーセント増しになっていて、当然、エネルギーも増加しています。**

太陽から降り注ぐエネルギーの増減が、地球の平均気温を変化させる可能性は十分にあります。

60～61ページでお話ししましたが、太陽の黒点の増減は、地球の気候と関わりがあることがわかっています。

160年間の太陽黒点数と地球の平均気温の変化を見てみると、19世紀後半から20世紀前半にかけては、黒点数が多いときは平均気温も上昇しており、両者の相関が高いように思われます。

しかし、地球の平均気温を変化させる要因は、太陽エネルギーの変化だけではありません。

一時期、フロンガスによるオゾン層の破壊によって太陽光が地上をより強く照らすようになり、それが地球温暖化をもたらしている、といわれていました。

成層圏にあるオゾン層は太陽からの紫外線を吸収して、地球上の生物を守るバリアのはたらきをしています。

たしかに、フロンガスによってオゾン層が破壊されると、太陽光はほんの少しだけ地上を強く照らすようになります。しかし、太陽エネルギーの増加を見ると0.01パーセント程度です。

したがって、**オゾン層の破壊が直接地球温暖化につながっているとはいえないのです。**

それよりも、二酸化炭素をはじめとする温室効果ガスが大気中に増加することのほうが、気温の上昇に大きく影響しているのです。いま現在、これが地球温暖化の最大の原因とされています。

◎温室効果ガスによる地球温暖化のメカニズム◎

温室効果ガスが適正な地球

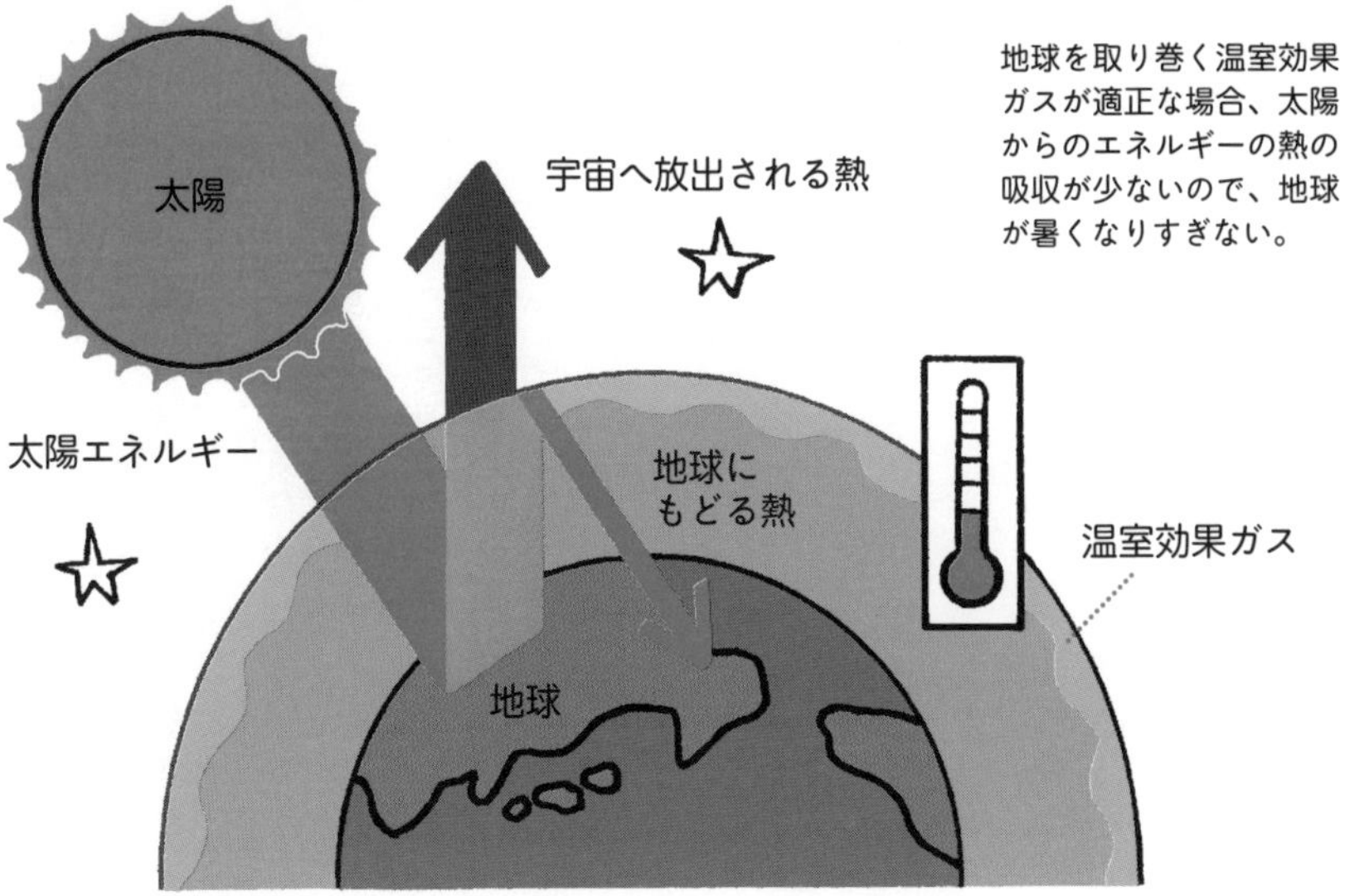

地球を取り巻く温室効果ガスが適正な場合、太陽からのエネルギーの熱の吸収が少ないので、地球が暑くなりすぎない。

温室効果ガスが増えて温暖化が進んだ地球

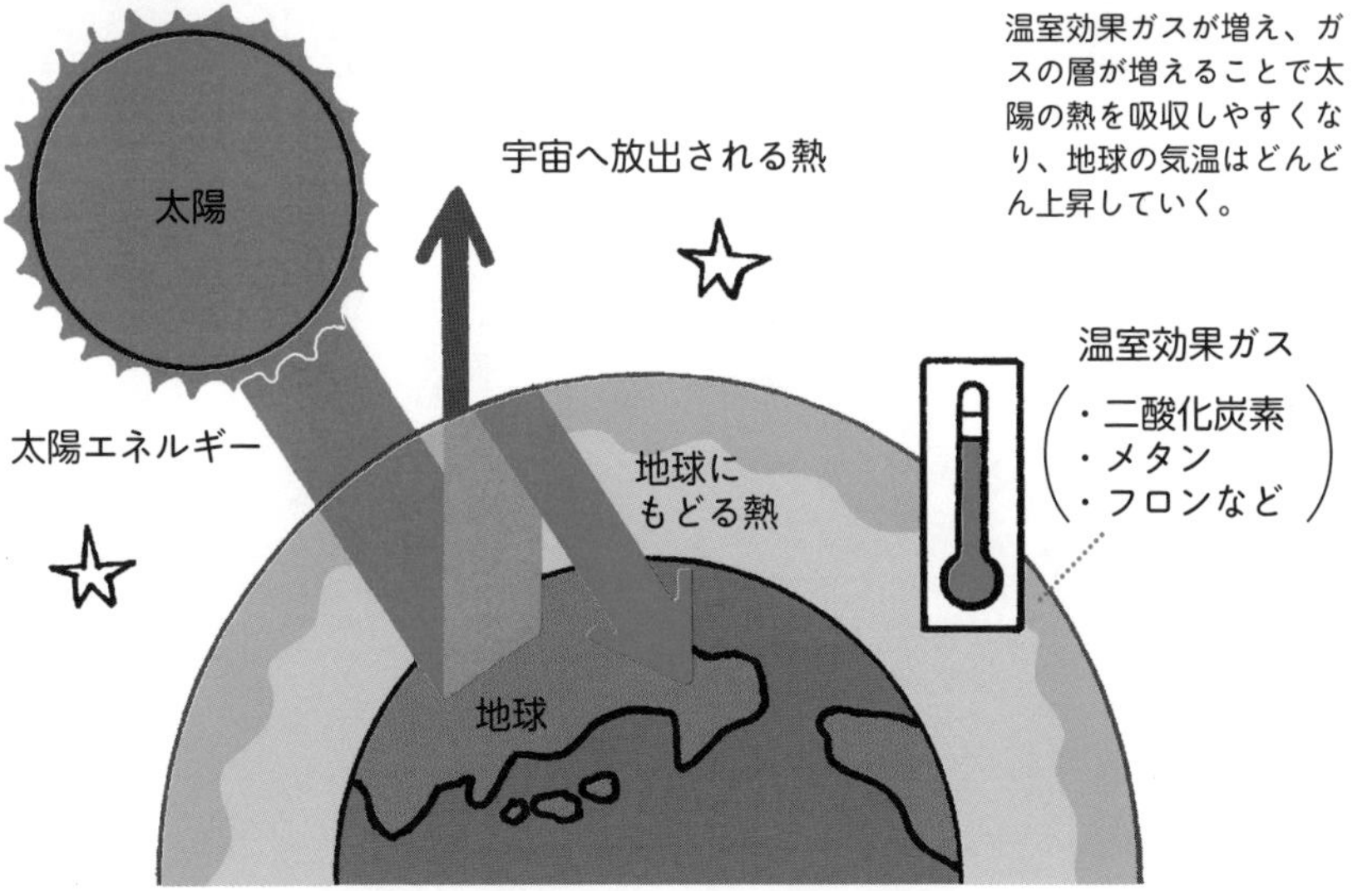

温室効果ガスが増え、ガスの層が増えることで太陽の熱を吸収しやすくなり、地球の気温はどんどん上昇していく。

25 太陽が巨大化するってホント？

▼太陽が水素を使い果たすと膨張して巨大化

太陽の中心部では水素原子4個からヘリウム原子1個をつくる核融合が起こっています。

1個のヘリウム原子はもとの水素原子4個よりもわずかに軽くなり、その失われた質量が太陽の莫大なエネルギーに変わっていくのです。

この核融合の結果、太陽の中心部にヘリウムがたまっていき、ヘリウムの中心核ができます。

すると、高温の中心核はますます重く、高圧になっていき、やがてヘリウムの中心核は自分自身の重力によって収縮し、つぶれていきます。

およそ60億年後、太陽は中心部の水素を使い果たしてしまうと考えられています。

すると中心部の核融合は止まってしまいますが、中心核の外側では引き続き核融合は続きます。

この結果、中心部は収縮し、外側は膨張を開始します。

膨張した分、表面の温度が下がって赤くなります。このような状態になった恒星を「赤色巨星」と呼んでいます。

夜空で赤く輝くさそり座のアンタレスやオリオン座のベテルギウスも赤色《せきしょく》巨星の一種で、それらは年老いた星の印なのです。

およそ80億年後、太陽はその外層が地球の公転軌道付近に達するまで膨張すると考えられます。

その後、太陽はさらに不安定になって、膨張したり収縮したりしながら外層のガスが宇宙空間に広がっていきます。

そして、**最後には、大きさは現在の太陽の100分の1ほどとなり、中心核が青白く輝く「白色矮星《はくしょくわいせい》」として残ります。**

質量は現在の太陽の7割程度ですから、非常に密度の大きな星となるのです。

◎太陽の一生◎

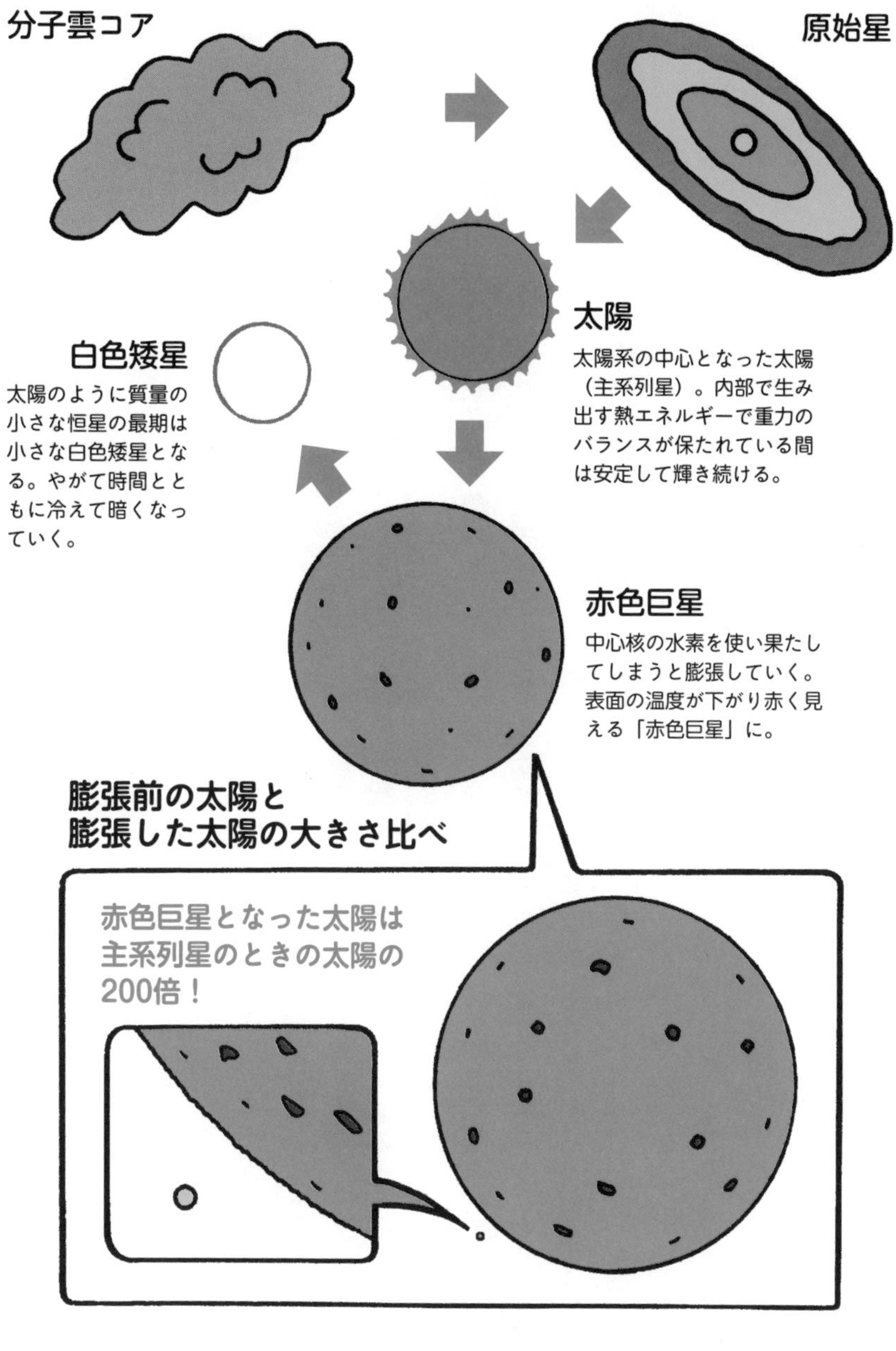
分子雲コア
原始星
太陽
太陽系の中心となった太陽（主系列星）。内部で生み出す熱エネルギーで重力のバランスが保たれている間は安定して輝き続ける。
白色矮星
太陽のように質量の小さな恒星の最期は小さな白色矮星となる。やがて時間とともに冷えて暗くなっていく。
赤色巨星
中心核の水素を使い果たしてしまうと膨張していく。表面の温度が下がり赤く見える「赤色巨星」に。
膨張前の太陽と膨張した太陽の大きさ比べ
赤色巨星となった太陽は主系列星のときの太陽の200倍！

宇宙Column

日本人研究者が発見！スーパーフレアで文明の危機に!?

太陽の表面で起きる突発的な爆発現象を「太陽フレア」といいます（62ページ参照）。

このエネルギーは巨大で、一度の大規模なフレアで放出されるエネルギーは、全人類が数十万年かけて使う電力量に相当します。

また光や熱だけでなく、太陽のガスや高エネルギーの粒子の放出により、地球や惑星の環境に影響を与えることが知られています。

大規模な太陽フレアによって発生する太陽嵐（21ページ参照）では最初に強力な電磁波が約8分後に地球に到達、30分から数時間後に放射線、高エネルギー粒子が、2、3日後にプラズマやコロナガスが到達し、磁気嵐が起きて地球の磁場が大きく乱されることが予測されます。過去にも発電施設や電力機器に重大な被害が起きています。

そして、2020年、国際的な専門家グループが、太陽フレアを起こす太陽活動が新たな周期に入り、極大期が2025年7月ごろになるという予測を発表しました。総務省も太陽フレア発生についてまとめた報告書で、太陽フレアで「通信・放送・測位、衛星運用、航空運用、電力網に異常を発生させ、社会経済に多大な被害をもたらす」可能性やこれに備えた被害想定、対処や観測、分析、予報、警報、国際連携の強化などについて言及しています。

そんななか、日本の国立天文台、京都大学などの研究グループは「せいめい望遠鏡」を中心とした地上の望遠鏡と宇宙望遠鏡ケプラーの3つの望遠鏡を使い、1億歳と若い太陽型の恒星「りゅう座EK星」のスーパーフレアを可視光で観測する

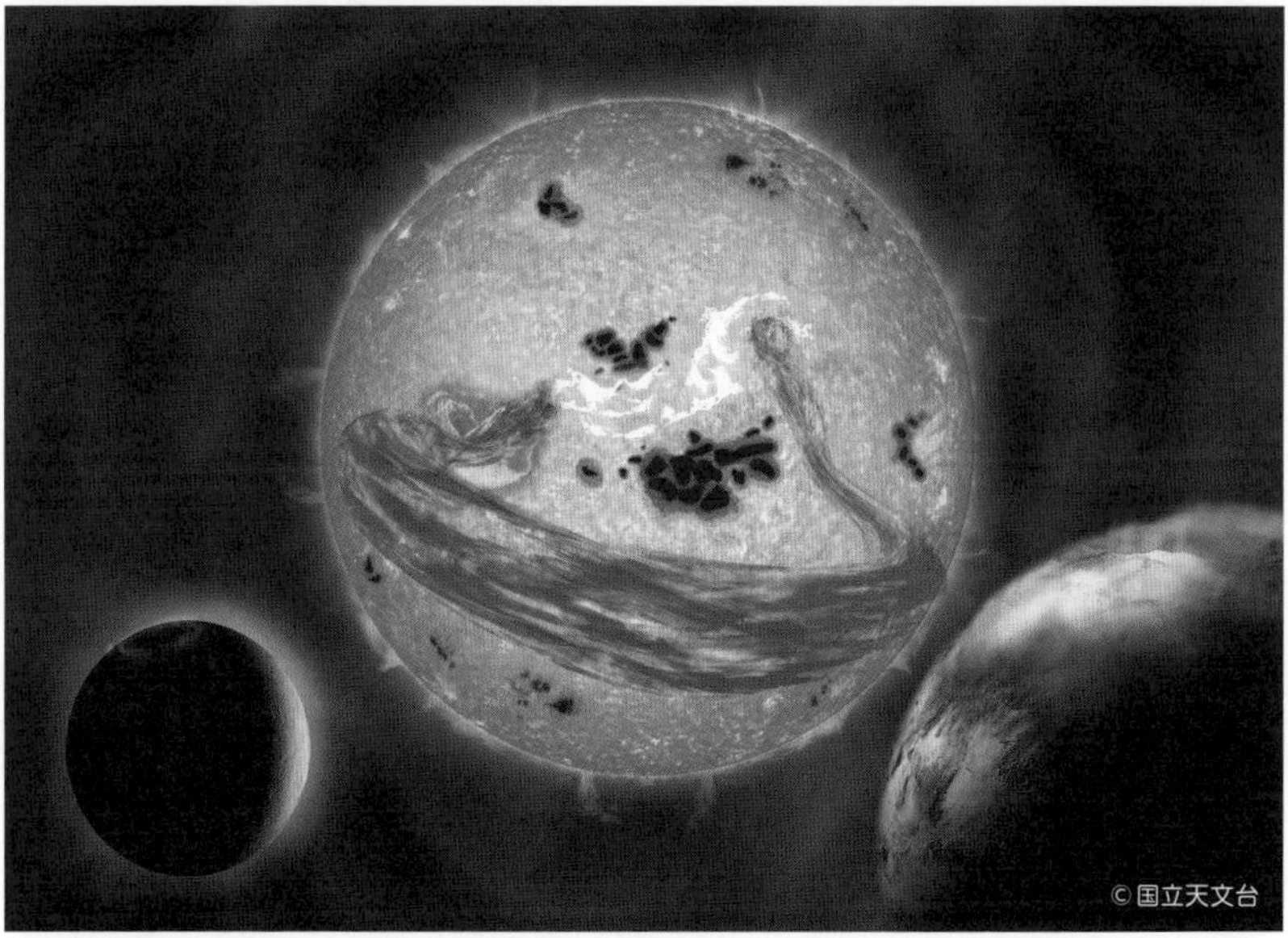

若い太陽型恒星「りゅう座EK星」の想像図。スーパーフレアの発生に伴い巨大なフィラメント噴出が起こるようす。

ことに成功し、世界から注目を集めています。

この研究では、まず太陽のように内部で核融合を起こし、自分で光り輝く若い太陽型恒星で周期的に起こる太陽フレアより100万倍以上大きいスーパーフレアについて、ケプラー望遠鏡の観測データを用い、148の星の365例を分析し観測する恒星を特定。そして、2023年に、2カ月かけた観測の結果、太陽の最大級フレアの10倍以上のスーパーフレアの観測に成功したのです。

この成果は、太陽フレアの対策はもちろん、生命誕生の解明や、現在の太陽がスーパーフレアを起こした場合の影響、恒星のスーパーフレアが周囲の惑星に与える影響の解明、またそれによって将来人間が移り住む惑星の検討にも役立つと考えられています。

さらに、宇宙生命の存在の解明など、現在の文明社会のもつさまざまな課題の研究、解明、新たな宇宙の発展などにも多大な貢献をすると期待されています。

星々との暮らし③

大の月、小の月、閏年

月の満ち欠けを基本としてつくられた太陰暦では月の周期29・5日に合わせるため、日数が29日の「小の月」と、30日の「大の月」を交互にくり返し月の満ち欠けと日付をほぼ一致させていました。

けれども、月の周期だけでつくった暦だけでは、季節の周期と「年」とのずれが起きてしまいます。なぜなら1年は365日ありますが、これは地球の公転周期。月の公転周期とは関係がありません。そのため、太陰暦の月を12回くり返しても29・5×12＝354日しかなく、毎年、11日ずつずれていってしまうのです。3年で1カ月くらいずれてしまうと季節とのずれが生じてしまいます。

1年中同じような季節の中東の砂漠地方では暦と季節がずれていてもあまり問題がなくても、日本のように農耕主体の国では、田植えの時期を暦と11日ずらさないとならないなど、季節と暦とが合わないと不便です。

そこで、古代中国ではそのずれを補正するために2、3年に1度（19年に7度）、「閏《うるう》月」を加え1年に13カ月ある「閏年」をもうけた太陰太陽暦をつくりました。これが日本にも伝わりました。

太陰太陽暦では、毎年大小の月の並びや閏月が異なりました。月末払いの掛け売りが主だった江戸時代は、月末がいつかを知ることはとても重要だったため、絵や文章で大の月、小の月の並び方がわかるようにつくった「大小暦《だいしょうごよみ》」が大流行となりました。

このようにして、暦は人々の暮らしのなかに浸透していったのです。

第4章
地球の仲間・太陽系惑星の素顔

㉖ 太陽系の惑星はどうやって生まれたの？

▼ガスやちりが集まった原始惑星系円盤からつぎつぎと誕生

いまからおよそ46億年前、天の川銀河の片隅で超新星爆発が起こり、宇宙空間に大量のガスやちりが放出されました。これらの一部が材料となり、分子雲が生まれました。

そのなかで密度の濃い部分は分子雲コアと呼ばれています。

この分子雲コアは回転していて、ガスやちりが収縮することで回転速度が上がっていきます。するると、遠心力が働いて扁平で巨大な円盤状になります。これが原始惑星系円盤です。

やがて円盤の中心部が高温・高圧になって輝きはじめ、原始太陽となりました。

そして、原始太陽の周囲にあるガスやちりはだんだんと冷えていき、たくさんの小さなかたまりができます。

そのかたまりが衝突と合体をくり返して、やがて小さな天体ができます。こうして生まれたのが微惑星です。

微惑星は、原始惑星系円盤のガスのなかで太陽の周りを公転しながら、衝突をくり返して大きさを増し、原始惑星へと成長しました。

太陽の近くの微惑星は中心核をもった水星、金星、地球、火星といった「地球型惑星」（岩石型惑星）となりました。

太陽から離れた微惑星は、岩石と氷の惑星で形成されたコアを中心にもち、コアの周囲に大量の水素とヘリウムをまとった「木星型惑星」（巨大ガス惑星）となりました。木星と土星がこれです。

さらに太陽から離れたところでは、氷と岩石の周りにわずかなガスがある「天王星型惑星」（巨大氷惑星）になりました。天王星と海王星がこれです。

◎太陽と惑星の大きさの比較と惑星の3つのタイプ◎

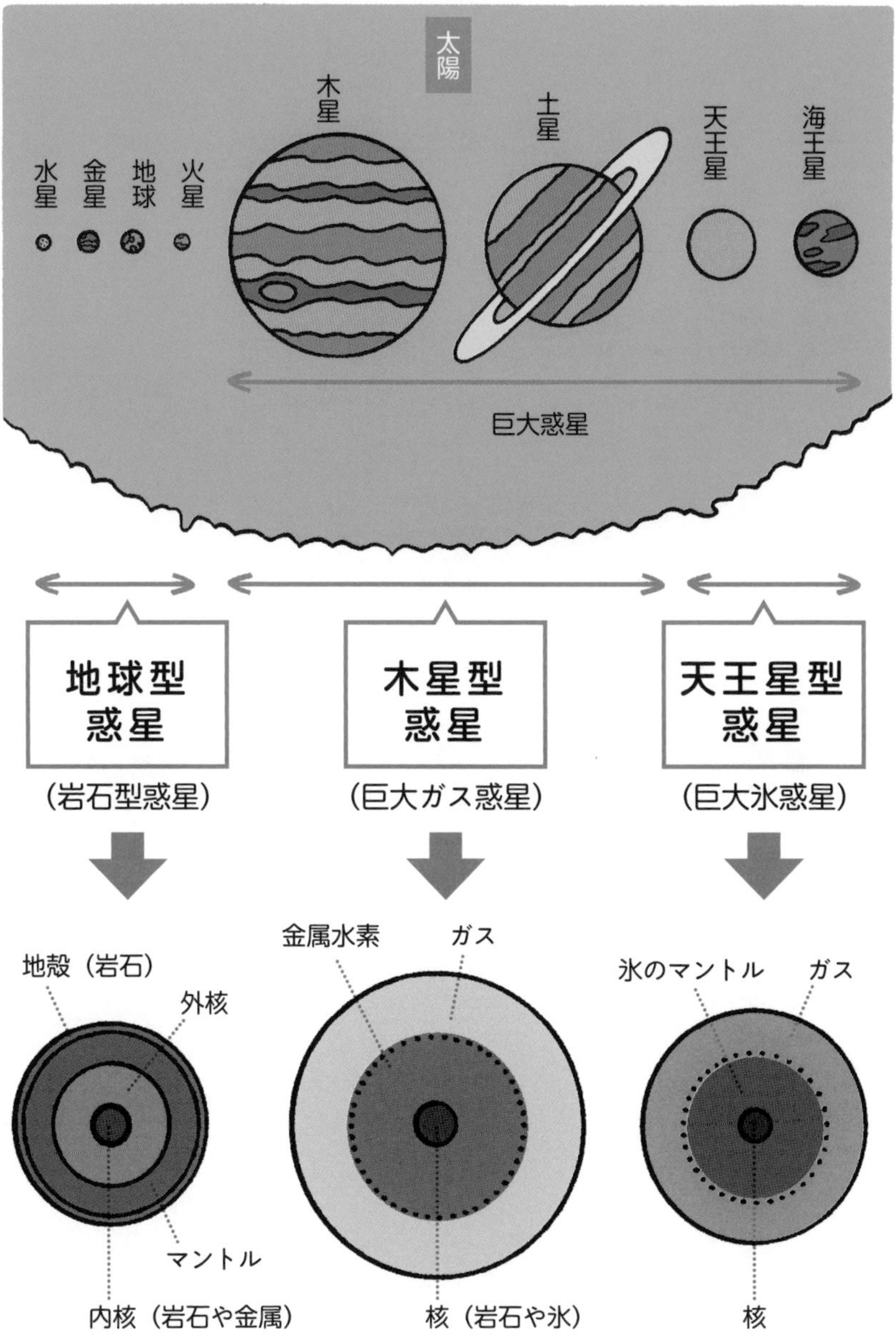

では、太陽系の惑星というのはどんな天体をいうのでしょうか？

その定義は、２００６年の国際天文連合総会で次のように決められました。

① 太陽の周りを回っていること。

② 十分に重く、重力が強いために球形をしていること。

③ その軌道周辺で群を抜いて大きく、ほかの同じような大きさの天体が存在しないもの。

１９３０年に発見された冥王星は太陽系の第9惑星とみなされていましたが、①と②には該当するものの、③には該当しないことがわかり、「準惑星」の扱いとなりました。

太陽系は、太陽に近いほうから順番に、水星、金星、地球、火星、木星、土星、天王星、海王星という8つの惑星から構成されています。このほか火星の軌道と木星の軌道の間には小惑星帯が存在しています。

小惑星帯には無数の天体が存在していますが、ふつう私たちが惑星と呼んでいるほどの大きさのものはありません。

日本の探査機「はやぶさ」が着陸し、サンプルを持ち帰ったことで有名になった「イトカワ」もこの小惑星帯で生まれたものです。長さおよそ540メートルという、ほんとうに小さな天体です。

では、太陽系の範囲はどこまでなのでしょうか？

海王星の外側は、「エッジワース・カイパーベルト」という小天体の帯が広がっています。冥王星もここに含まれます。

エッジワース・カイパーベルト天体は、太陽系形成の初期の段階以降、微惑星からの成長が十分に進まなかった、氷が主成分の小天体と考えられています。

エッジワース・カイパーベルトのずっと外側には「オールトの雲」が広がっていて、これらが彗星の故郷と考えられています。

諸説ありますが、ここまでが太陽系といわれています。

◎太陽系の各惑星の太陽からの距離◎

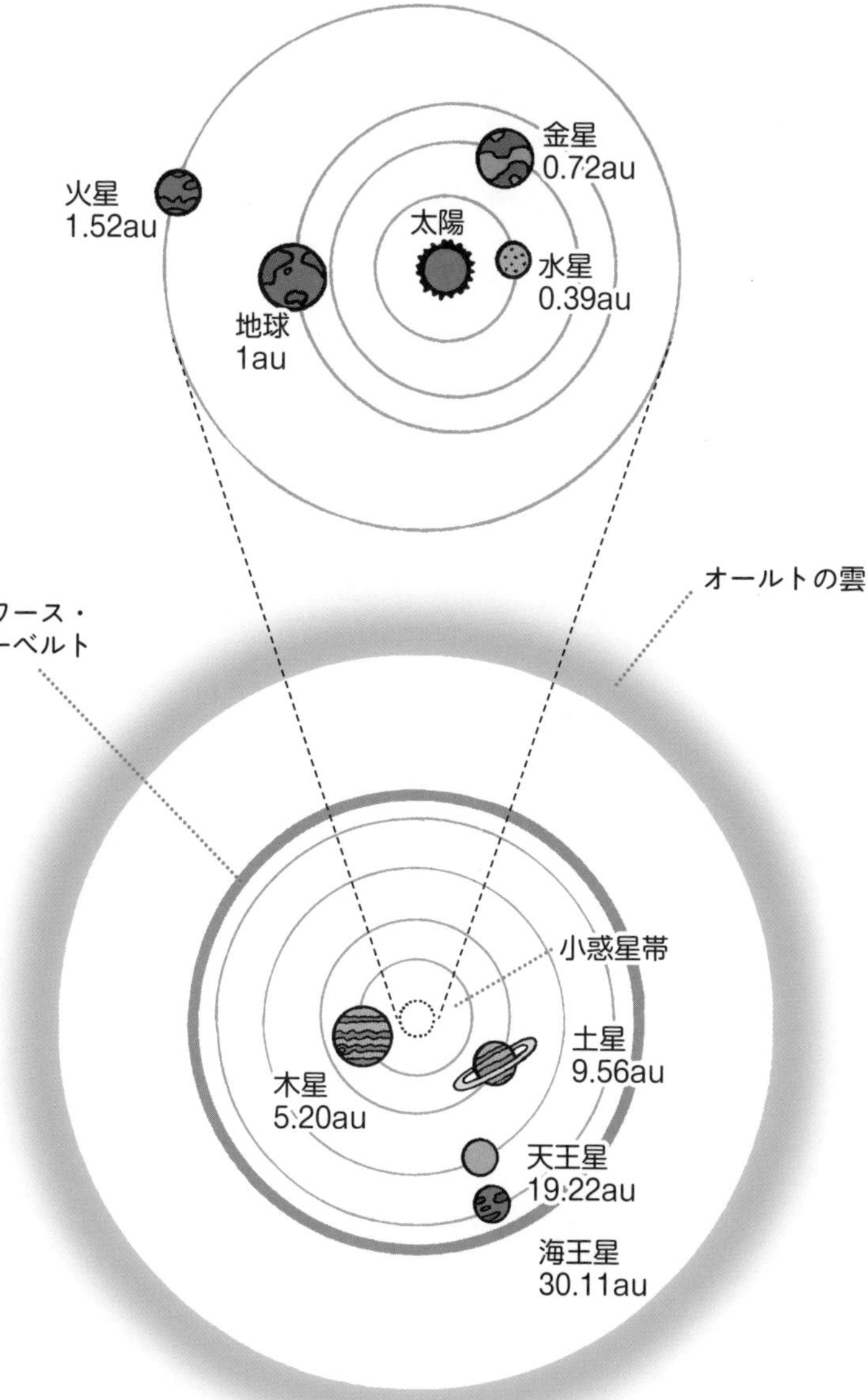

27 太陽にいちばん近い水星は熱いってホント？

▼日射を受ける側では400度に達する

　太陽にいちばん近い公転軌道で回っているのが水星です。

　太陽系のなかではもっとも小さな惑星ですが、平均密度は地球に次いで高い数字を示しています。このことから、水星は鉄などの重い材料でできており、中心部は惑星半径の75～80パーセントを占める金属の核（コア）があると考えられます。**小さいけれどめちゃくちゃ重い惑星なのです。**

　水星がこれほど大きな核をもっているのは、原始惑星だったときの水星に巨大な天体（水星の半分ほどの半径をもつ天体）が衝突し、岩石を主成分とするマントル部分が吹き飛ばされたからと考えられています。

　水星は太陽にいちばん近いことで、太陽の日射を受ける側では400度に達する一方、反対側ではマイナス160度まで下がります。

　これは、大気が地球の1兆分の1程度と非常に希薄で熱を保持できないうえ、自転が遅くて夜が長いので、夜間に放射冷却が起こるためです。

　水星の表面には、月の表面と同じようなクレーターが数多く見られます。

　最大のクレーターは、水星の直径の4分の1以上、1300キロメートルあまりの「カロリス盆地」です。

　これは直径100キロメートルはあったであろう小惑星の衝突によって形成されたと考えられています。衝突したのがもっと大きな天体であれば水星そのものが破壊されていたかもしれません。

　とはいえ、水星は火星や金星などに比べて地味な存在です。それは**太陽の光が邪魔して、なかなかその姿を地上からは見ることができないからです。**

◎水星のすがたと構造◎

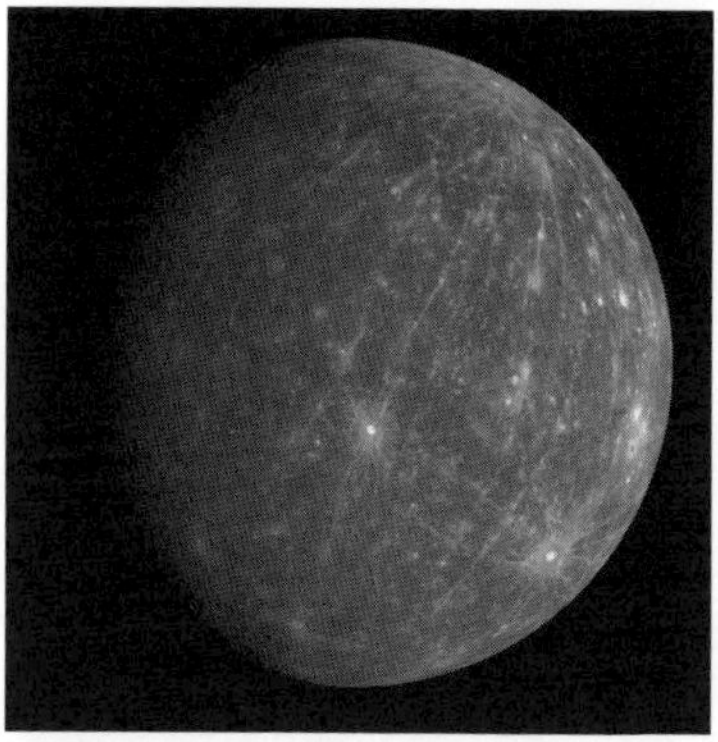

NASA/Johns Hopkins University Applied Physics Laboratory/Carnegie Institution of Washington

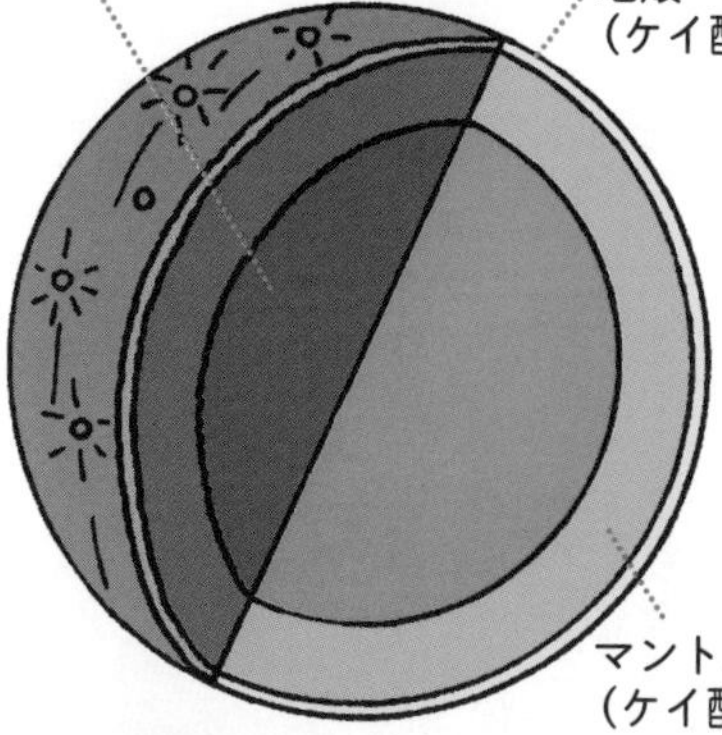

●水星データ

・赤道半径：2440km
・質量（地球＝1）：0.055
・軌道長半径（地球＝1）：0.387
・公転周期：87.97日
・自転周期：58.65日
・太陽からの放射量（地球＝1）：6.67

●地形

無数のクレーターに覆われており、月に似た地形になっている。

(NASA/Johns Hopkins University Applied Physics Laboratory/Carnegie Institution of Washington)

●広大なカロリス盆地

広範囲に白っぽく見える部分がカロリス盆地。2008年1月にメッセンジャーが撮影した。

(NASA)

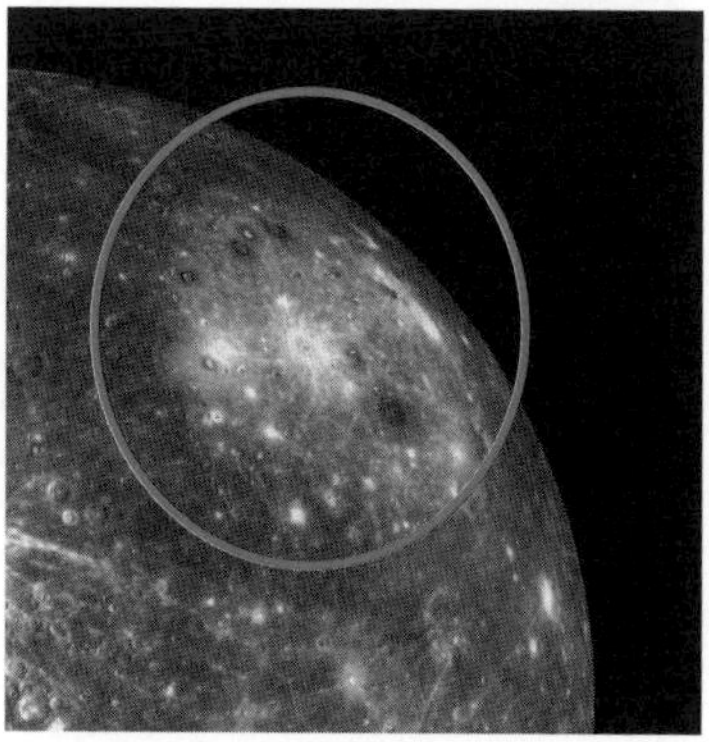

28 なぜ金星は地球と「双子の惑星」といわれているの？

▼姿かたちが似ているから。でも中身は全然違った

金星は、地球とほぼ同じ直径と密度の惑星です。このことから、**金星は地球と「双子の惑星」といわれてきました。ところが、惑星表面の状況はまったく異なっています。**

地球の表面は液体の水が存在できるような穏やかな環境ですが、金星は表面温度が500度近くにも達する灼熱《しゃくねつ》の惑星なのです。

2つの惑星の命運を分けたのが、太陽からの距離です。

太陽から金星までの距離は約0・72auです。つまり、地球より4200万キロメートルほど太陽に近いということ。この距離が2つの惑星の環境に大きく作用しているのです。

微惑星の衝突・合体で誕生した金星と地球は、初期のころはどちらも惑星全体がドロドロに溶けたマグマオーシャンの状態でした。

どちらの惑星も、このとき水は水蒸気として大気中に存在していました。

しかし、太陽からの距離が近い金星では、あまりの高温のために水蒸気が液体の水になれなかったと考えられるのです。

現在の金星の大気圧は95気圧と、地球の大気の総重量のおよそ100倍もの気体に包まれています。

そしてその96パーセントが温室効果が高い二酸化炭素で、残りも窒素や水蒸気です。

つまり、**金星は強い温室効果ガスに覆われている状態なのです。また、金星の特徴の1つに自転が地球と逆方向だということが挙げられます。**

自転が逆向きなのは、厚い大気との相互作用が原因と考えられていますが、まだ明確な答えは出ていません。

◎金星のすがたと構造◎

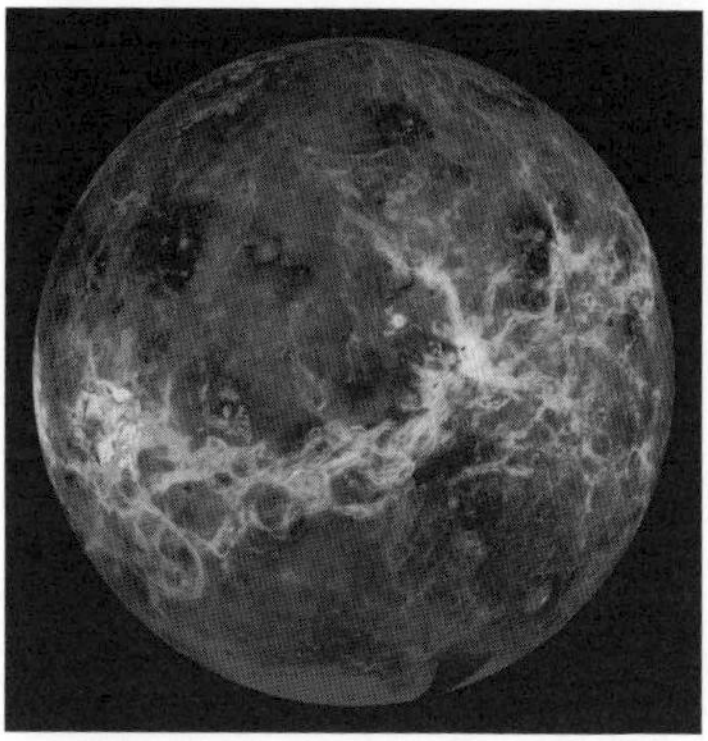

NASA/JPL

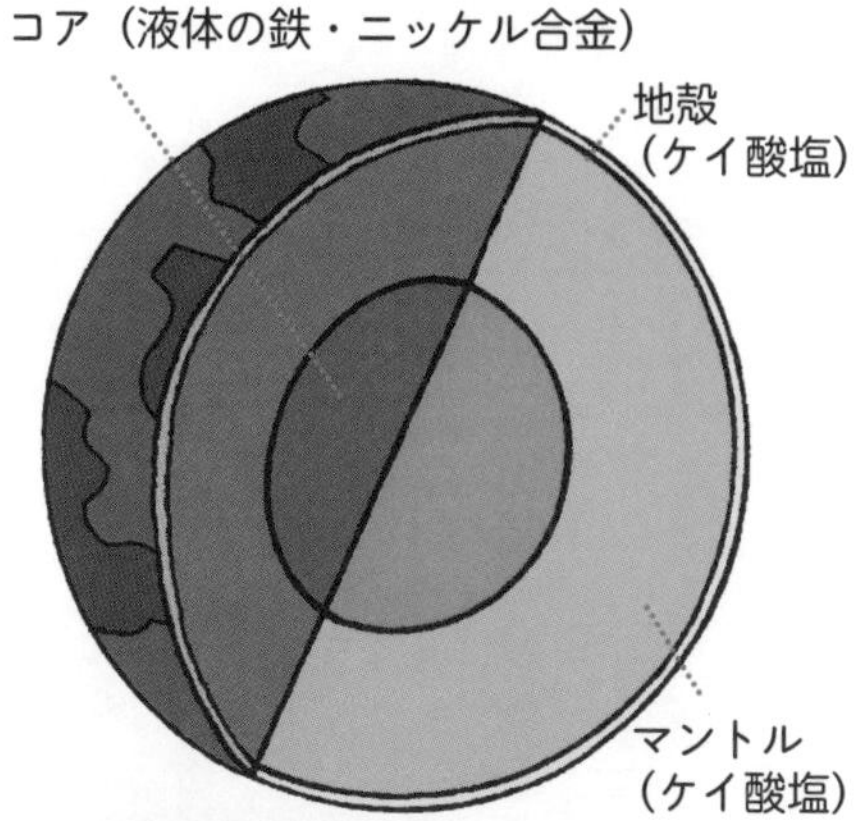

●金星データ

- 赤道半径：6052km
- 質量（地球＝1）：0.815
- 軌道長半径（地球＝1）：0.723
- 公転周期：224.7日
- 自転周期：243日（地球と逆回り）
- 太陽からの放射量（地球＝1）：1.91

●地形

地表の大半は溶岩に覆われている。写真は探査機マゼランが撮影した標高8kmのマアト山。※この画像はわかりやすくするために縦方向を22.5倍にしている。

(NASA/JPL)

●分厚い雲に覆われる金星の大気

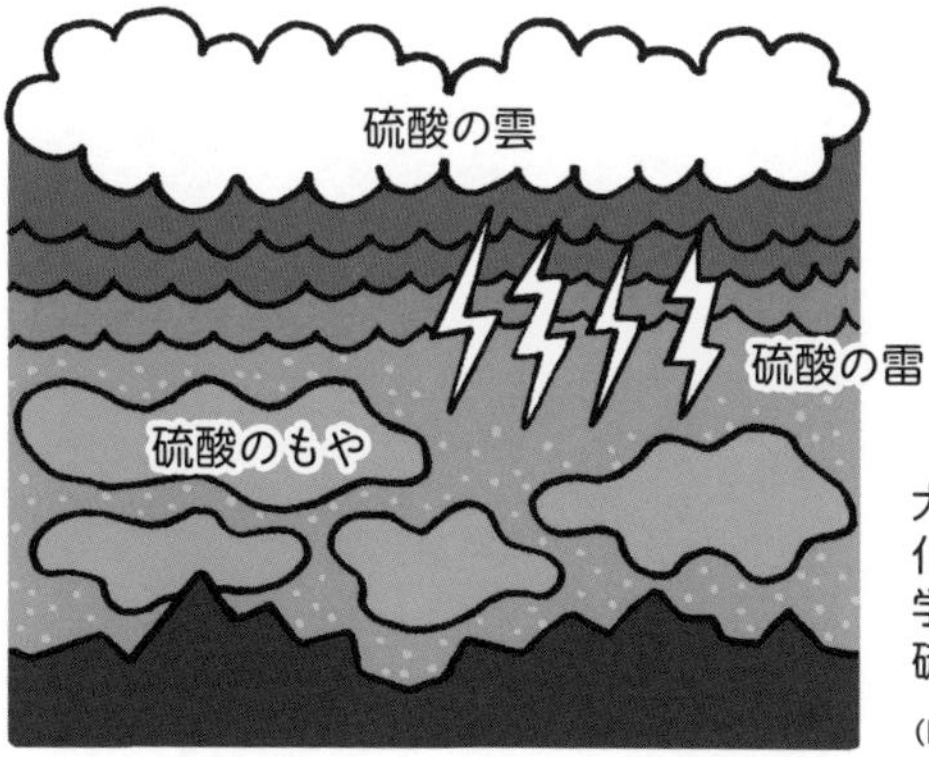

大気中の二酸化炭素や二酸化硫黄などが太陽の光に化学反応を起こして、分厚い硫酸の雲をつくっている。

(NASA)

29 火星に水があったってホント？

▼たくさんの探査機がその証拠を発見

火星は、地球の質量を1とすると0・1074ほどしかない小さい惑星です。望遠鏡で見ると真っ赤に燃えているように見えますが、あれは表面の砂に含まれた錆《さ》びた鉄の色です。

フォボスとダイモスという2つの衛星をもっています。どちらも直径数十キロメートルと小さく、球形ではなくいびつな形をしています。

実は、火星と地球は少し似ています。

火星の自転軸は25・2度傾斜していて、地球と同じように四季があります。

自転周期は1日24時間39分と、地球の1日と非常に近く、太陽の周りを回る公転周期も1・88年と似ています。

地表の平均気温はマイナス50度と低いのですが、夏季の赤道付近では20度程度に上昇することもあります。

一方、極域ではマイナス130度といった低温になることがあります。

火星の大気は非常に薄く、気圧は地球の0・6パーセントくらいしかありません。大気の成分は、95パーセントが二酸化炭素で、その他窒素やアルゴン、微量の酸素などが含まれています。

火星には多くの探査機が送り込まれました。その結果、水が流れてできたと考えられる地形や、水の底でできたと考えられる堆積岩のような岩石なども発見され、**火星にはかつて、液体の水が大量に存在していたことがわかってきました。**

これらの水の一部は地下にしみ込み、極の地下で湖となっていることがわかりました。

また、探査機による上空からの観察によって、地下の氷が溶け出し、**水が流れたように見える筋状の模様がいくつか発見されています。**

◎火星のすがたと構造◎

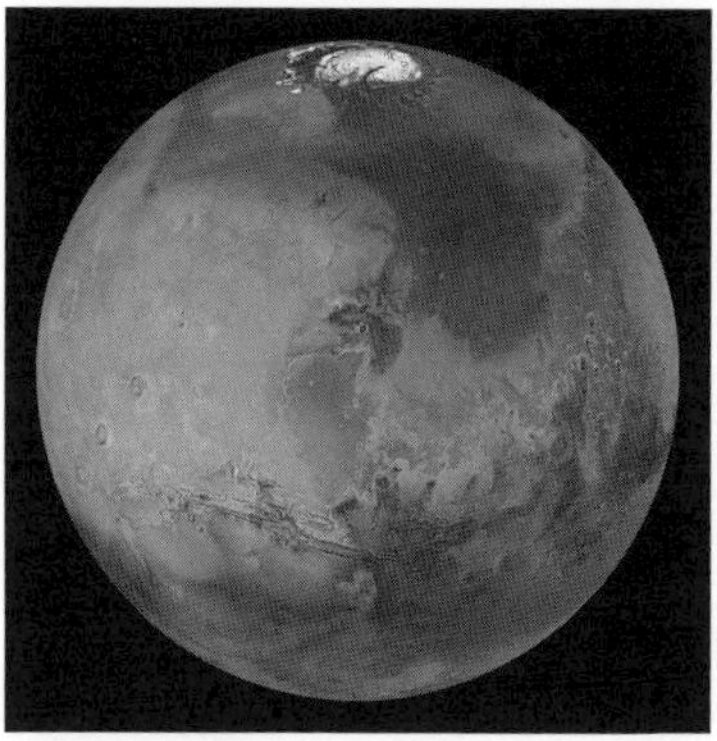

NASA/JPL/USGS

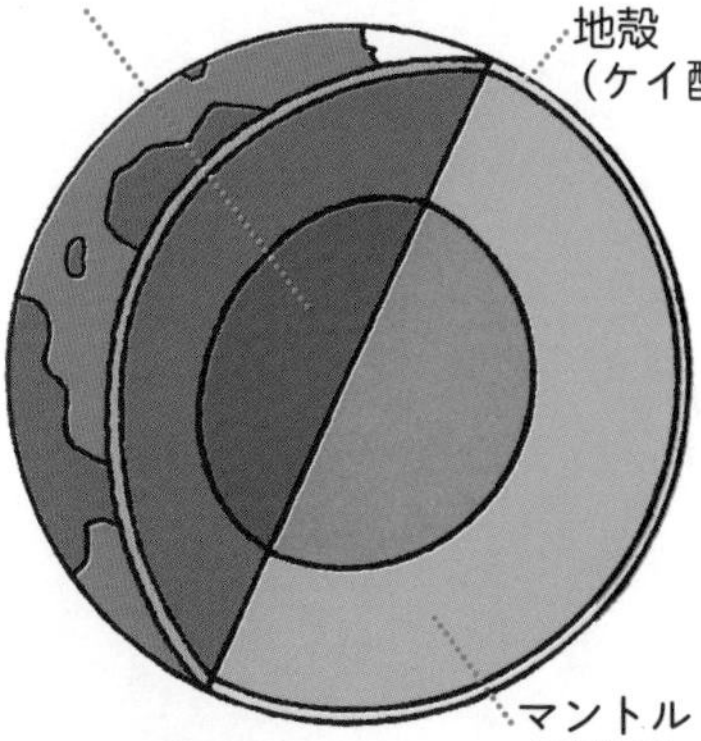

火星データ

- 赤道半径：3397km
- 質量（地球＝1）：0.107
- 軌道長半径（地球＝1）：1.524
- 公転周期：686.98日
- 自転周期：1.026日
- 太陽からの放射量（地球＝1）：0.43

地形

2004年1月に火星着陸探査機ローバーが撮影した平原。地表は酸化鉄を多く含む砂塵で覆われているため赤く見える。

(NASA/JPL/Cornell)

地表に刻まれた水の流れた痕跡

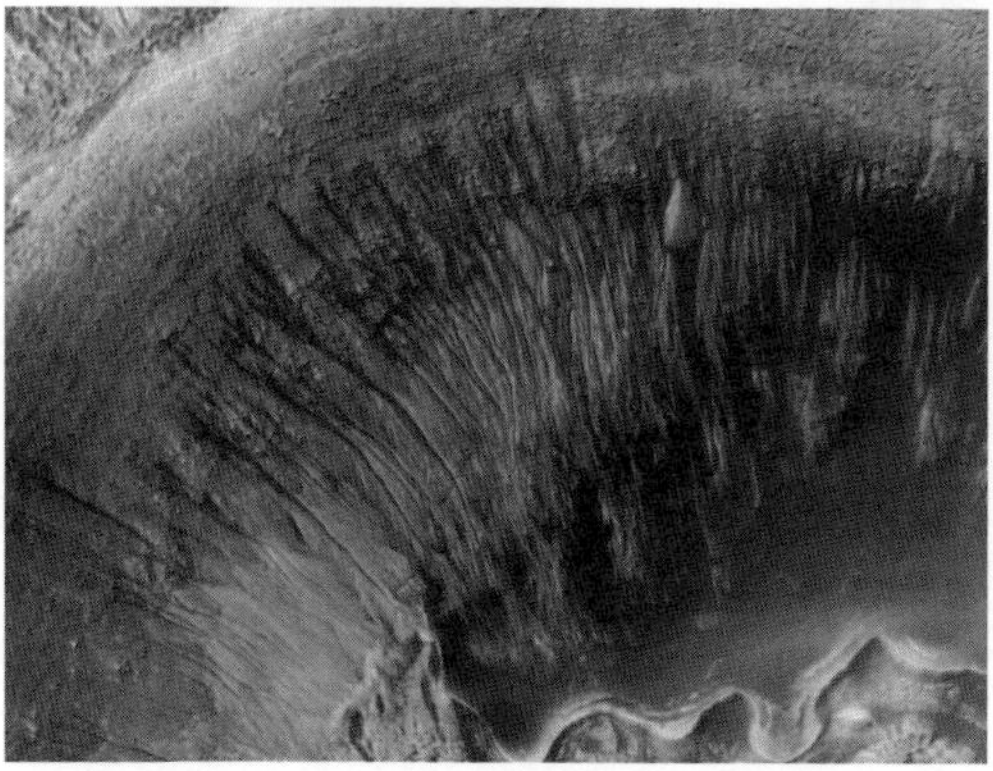

ニュートンクレーターの内側の壁の斜面には幾筋もの縦の線が刻まれている。地下からしみ出してきた水流の浸食によってできたものと考えられる。

(NASA/JPL/MSSS)

30 木星にある縞模様はなに？

▼ジェット気流によってできた縞

木星は、太陽系最大の惑星です。93パーセントの水素と7パーセントのヘリウムから構成され、質量は地球のおよそ318倍もあります。

岩石と氷の微惑星によって形成されたコアを中心にもち、そのコアの周囲に大量の水素をまとった構造だと考えられていますが、コアの推定値はモデルによって大きな差があります。

それは、木星内部の大部分を占めると予測されている水素に関して、高温・高圧の状態になった場合の密度の正確な値がわかっていないことが大きな要因です。長年、木星のコアについてはさまざまな議論がされましたが、木星探査機ジュノーの観測により、低密度の大きなコアの存在が示唆されています。

木星の特徴といえば、表面の縞《しま》模様でしょう。**あの模様は、緯度帯ごとにジェット気流にそった東西方向の流れが互い違いになっています。また、暗く見える縞では主に下降気流が、白く見える縞では上昇気流が発生しています。**

これらの条件によってあの美しい模様ができているのです。

17世紀、ガリレオ・ガリレイによって木星の衛星が4つ発見されました。月以外の衛星が発見されたのははじめてのことだったので、それらの衛星は、「ガリレオ衛星」とも呼ばれています。

現在までに、木星の衛星は少なくとも72個も発見されていますが、ガリレオ衛星と呼ばれるイオ、エウロパ、ガニメデ、カリストは、月と同等かそれを上回る大きさをもっています。

1979年9月に打ち上げられたNASAの無人宇宙探査衛星「ボイジャー1号」によって、木星にもリングが存在することがわかりました。

◎木星のすがたと構造◎

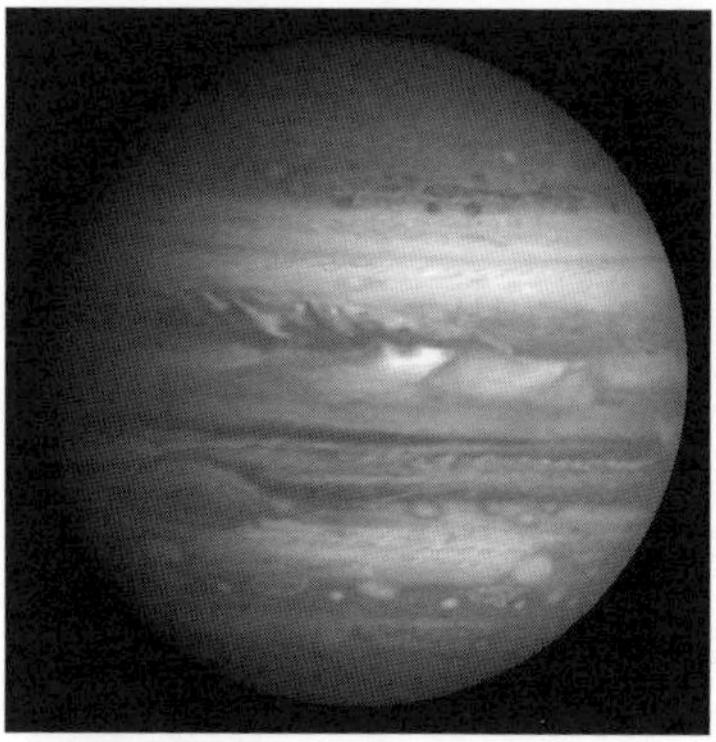
NASA/JPL/USGS

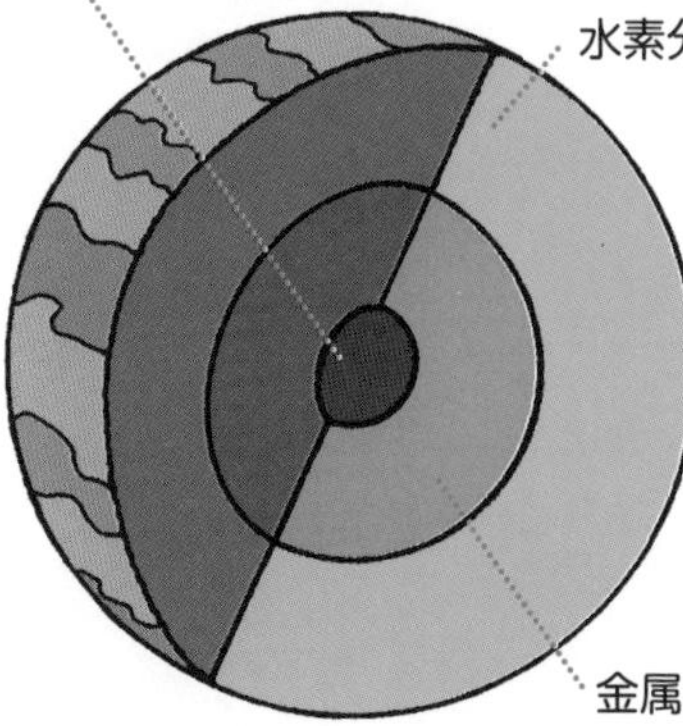

木星データ

- 赤道半径：7万1492km
- 質量（地球＝1）：317.83
- 軌道長半径（地球＝1）：5.203
- 公転周期：11.86年
- 自転周期：0.414日
- 太陽からの放射量（地球＝1）：0.037

模様

美しい縞模様はアンモニア粒子のつくる雲がジェット気流に乗って流れることによりつくられたもの。

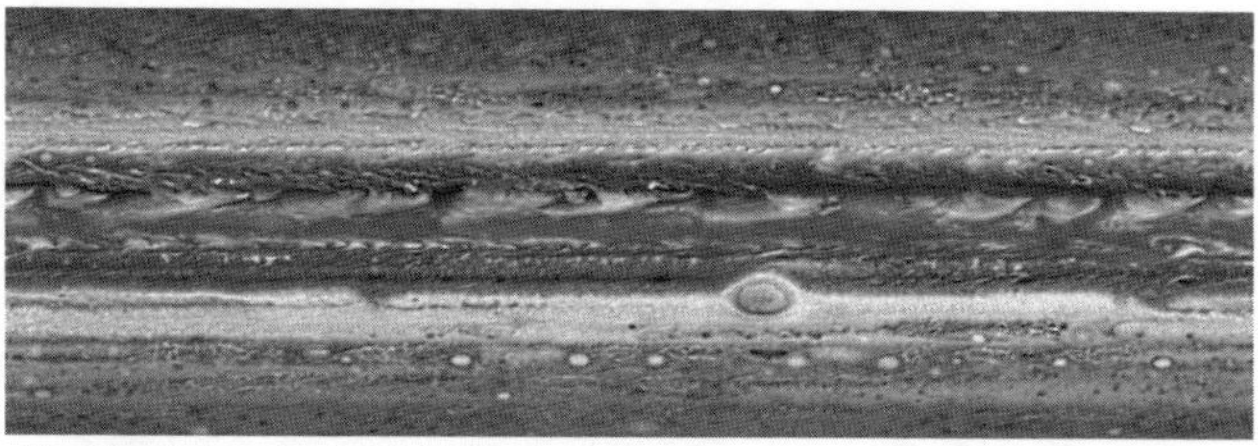
(NASA/Johns Hopkins University Applied Physics Laboratory/Southwest Research Institute)

ガリレオが発見した4つの衛星

向かって左からイオ、エウロパ、ガニメデ、カリスト。

イオを除く3つの衛星には地下に海があり、生命の存在が期待されている。 (NASA/JPL/DLR)

31 土星のリングはなにでできているの？

▼小さな氷の粒が集まって巨大なリングができた

太陽系のなかで木星に次いで2番目の大きさをもつ惑星が土星です。

地球の約9倍の直径、約755倍の体積がありますが、質量は約95倍しかありません。平均密度は太陽系のなかでもっとも小さい惑星です。

水素を主成分とする厚い大気に覆われ、中心部には木星と同様、岩石と氷の微惑星によって形成された核（コア）があると考えられています。

また、土星は1日約10時間の周期で自転していて、この高速回転で生じた遠心力によって赤道半径が極半径より10パーセントも大きく膨らんでいます。

土星の最大の特徴は巨大なリングです。

天体望遠鏡で観察すると、リングは非常に美しい板状の円盤のように見えます。

しかし、さまざまな探査機による探査の結果、その実態は膨大な数の小さな氷のかたまりが円盤状に分布していることがわかってきました。

土星のリングは直径30万キロメートルの広がりをもっていますが、厚さは平均10メートルほどと非常に薄いこともわかっています。

では、このリングはどのようにしてできたのでしょうか？

主に、以下の2つの説が考えられています。

1つは、土星が形成された際に、周囲に生じた円盤状のガスやちりを起源としているのではないかという説。

もう1つが、**小天体が土星の衛星にぶつかって粉砕された破片が赤道付近に集まり、形成されたのではないかという説です。**

現在では、後者の説が有力視されていますが、結論には至っていません。

◎土星のすがたと構造◎

NASA and The Hubble Heritage Team (STScI/AURA)Acknowledgment: R.G. French (Wellesley College), J. Cuzzi (NASA/Ames), L. Dones (SwRI), and J. Lissauer (NASA/Ames)

●土星データ

- 赤道半径：６万268km
- 質量（地球＝１）：95.16
- 軌道長半径（地球＝１）：9.555
- 公転周期：29.46年
- 自転周期：0.444日
- 太陽からの放射量（地球＝１）：0.011

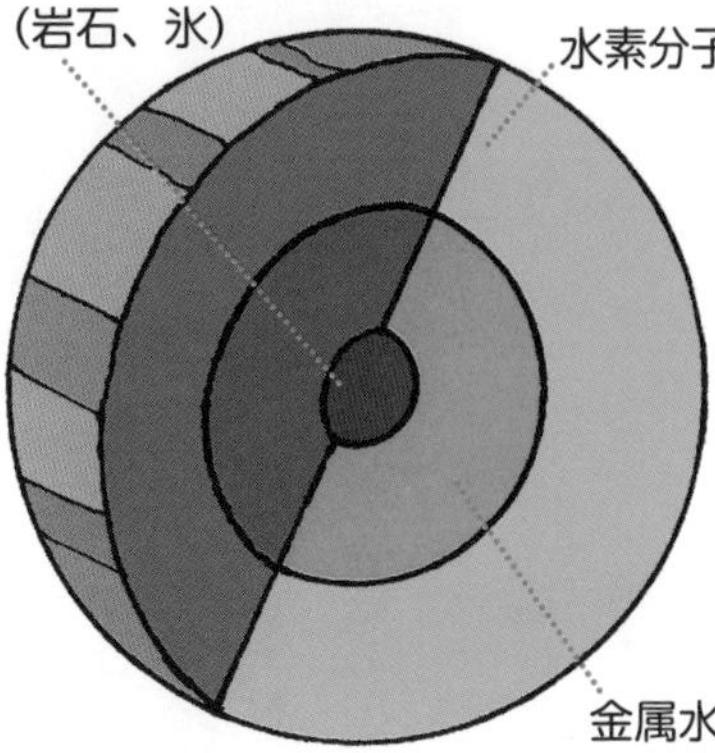

●リング

リングは1000以上もの細い環(わ)の集まりである。すき間は衛星の重力によってできたもの。
(NASA/JPL-Caltech/SSI)

●土星のリングのイメージ図

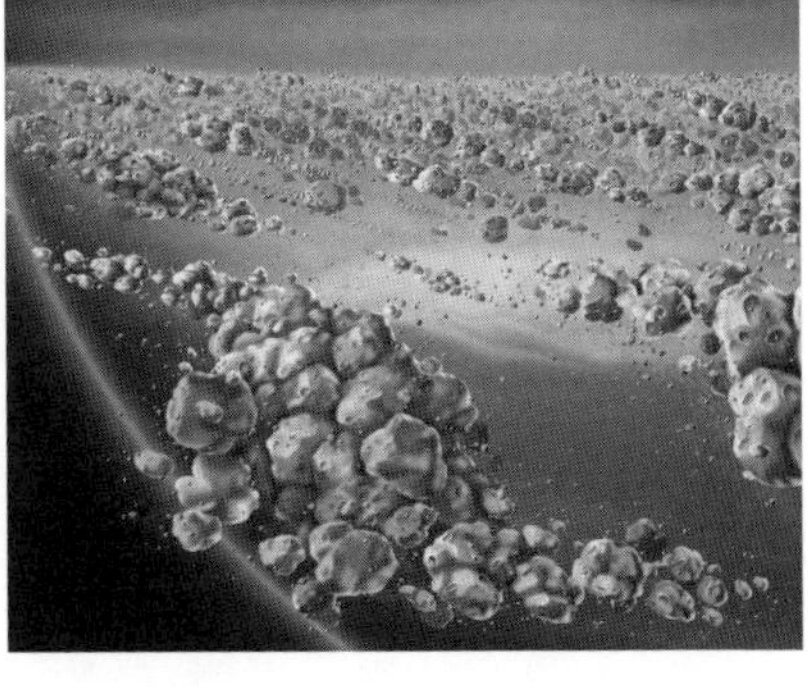

1977年に打ち上げられたボイジャー探査機の調査により、リングは主に小さな氷の粒からなっていることがつき止められた。
(NASA/JPL/University of Colorado)

㉜ 天王星は横倒しで公転しているってホント？

▼巨大な天体の衝突で自転軸が傾いてしまった

天王星は、太陽系で木星、土星に次いで3番目の大きさをもっています。

天王星の氷の主成分は、水、メタン、アンモニアなどですが、大気にも2パーセントほどメタンが含まれているため、それが赤い光を吸収して、天体全体が淡い青緑色に輝いて見えます。

天王星の最大の特徴は、公転面に対して自転軸の角度が約97・8度も傾いているという点です。

つまり、天王星は横倒しの状態で自転し、太陽の周りを公転していることになります。

このような状態になったのは、巨大な天体が衝突して天王星の自転軸を傾けてしまったためだと考えられていますが、それがどのような衝突だったのかは、まだよくわかっていません。

ちなみに、太陽系のほかの惑星の自転軸の傾きを見ると、水星はほぼ0度、地球は23・4度、火星は25・2度、土星は26・7度となっています。

天王星の自転軸がいかに傾いているかおわかりいただけたことでしょう。

天王星に接近を果たしたのは、1977年8月に打ち上げられたNASAの無人宇宙探査機「ボイジャー2号」ただ1機です。

その際に撮影された画像は、現在にいたっても天王星に関する貴重なデータとなっています。

また、**天王星の衛星は現在27個が確認されていますが、主な衛星は横倒しになった惑星の赤道面を公転していることがわかっています。**

惑星が後から転倒したのであれば、取り残された衛星は極方向を回るはずですが、そうはなっていません。

そのため、横倒しになる衝突が複数回あった、という説もあります。

◎天王星のすがたと構造◎

NASA/JPL-Caltech

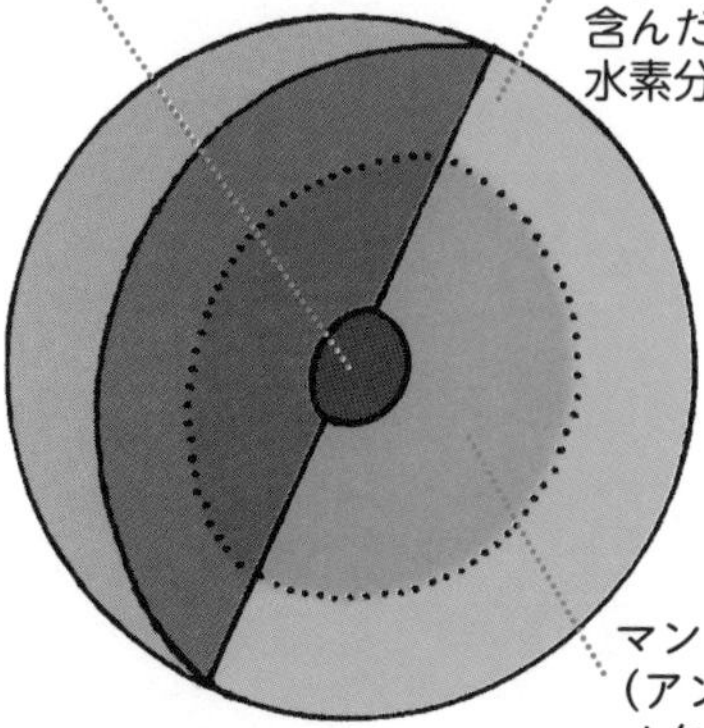

●天王星データ

・赤道半径：２万5559km
・質量（地球＝１）：14.54
・軌道長半径（地球＝１）：19.218
・公転周期：84.02年
・自転周期：0.718日
・太陽からの放射量
（地球＝１）：0.0027

●リング

ボイジャーの調査で11本のリングが確認されているが、どのような構造なのかはまだよくわかっていない。

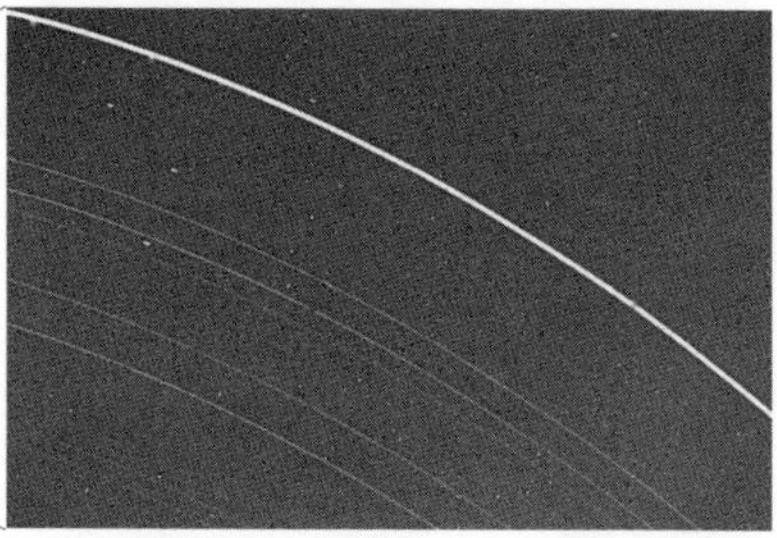
(NASA/JPL)

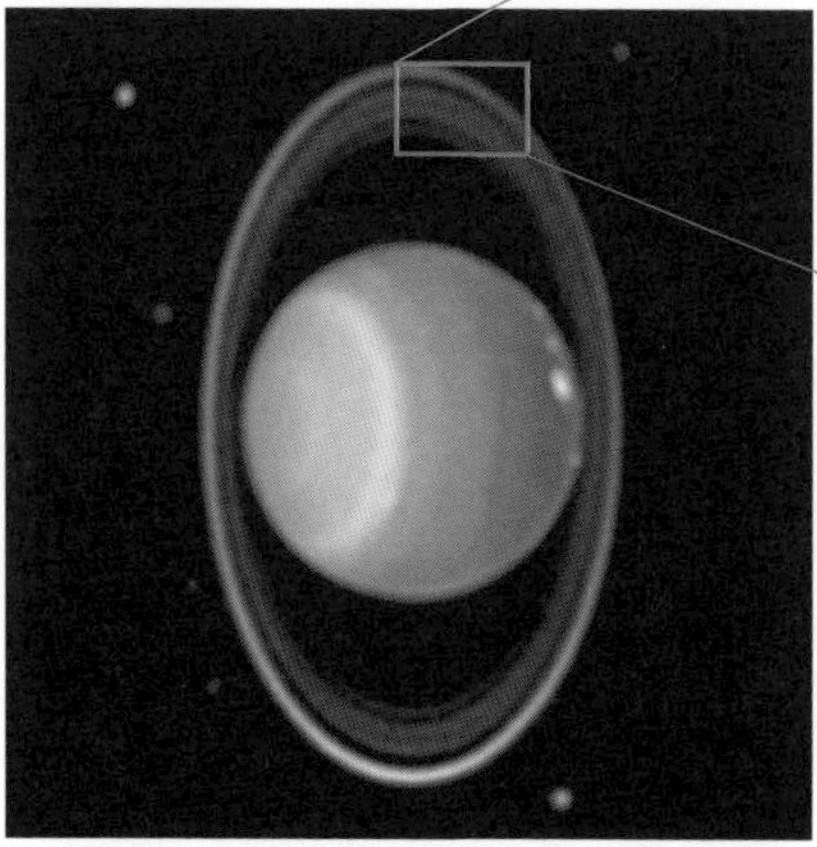

●天王星の横倒し現象

自転軸が公転面とほぼ一致しており、横倒しのようなかたちになって公転している。写真はハッブル宇宙望遠鏡の近赤外線がとらえた画像。

(NASA/JPL/STScl)

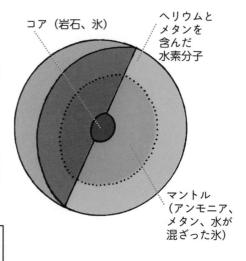

33 海王星はまだよくわかっていないことが多いの？

▼ボイジャー2号の活躍で多くの謎が解けた

太陽系の惑星のなかで、太陽からもっとも遠い位置を公転しているのが海王星です。

海王星は、天王星と同じような構造をもつことから天王星型惑星に分類され、直径は地球の3・88倍にもなります。

大気は水素80パーセント、ヘリウム19パーセント、メタン1・5パーセントという構成で、メタンによる赤色の光の吸収で、海王星も惑星全体が青色を呈しています。

太陽からの光も弱いために、大気の温度はマイナス200度を下回ります。

海王星に接近したことのある探査機は、ボイジャー2号だけ。そのため、海王星のデータのほとんどが、1989年8月、同探査機が海王星に最接近したときの観測によるものです。

たとえば、ボイジャー2号が撮影した海王星の大気には筋状の模様が見られました。

これは、高速の気流によって長く引き伸ばされた雲で、赤道付近での気流は秒速300メートルを超えるとみられています。

また、ボイジャー2号は海王星の衛星のなかで最大のトリトンにも接近し、この衛星に関する詳細なデータを地球に送ってきてくれました。

それによって、**トリトンでは液体窒素やメタンの噴煙を上げる氷火山が活動していることがわかりました。**

トリトンは月と同じくらいの大きさをもつ天体で、最大の特徴は逆行衛星だということです。

逆行衛星というのは、公転方向が惑星の公転と逆方向の衛星のことで、太陽系では木星に少なくとも50個、土星に20個以上、天王星に1個見つかっています。

◎海王星のすがたと構造◎

NASA/JPL

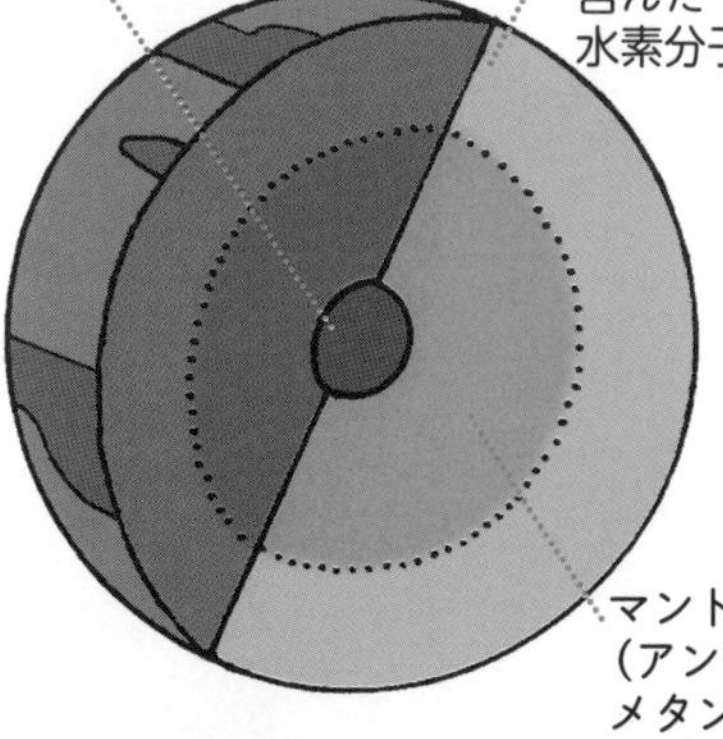

●海王星データ

- 赤道半径：２万4764km
- 質量（地球＝１）：17.15
- 軌道長半径（地球＝１）：30.110
- 公転周期：164.77年
- 自転周期：0.671日
- 太陽からの放射量（地球＝１）：0.0011

●模様

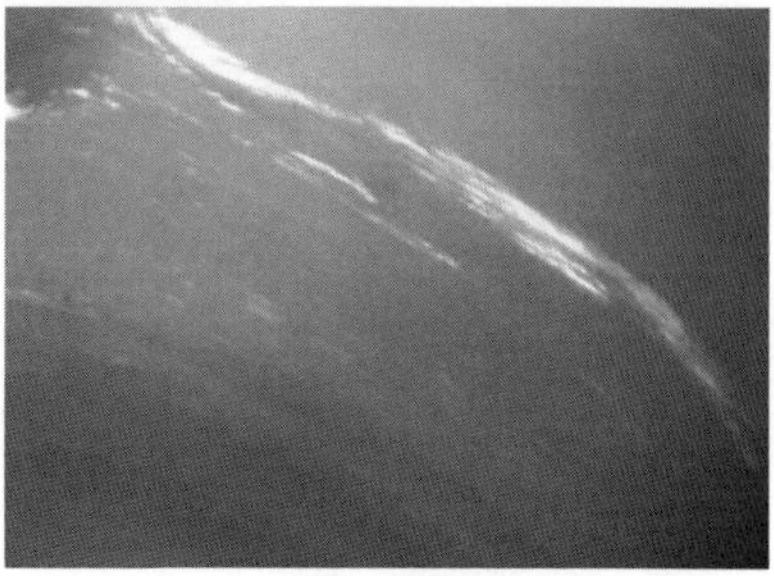
ボイジャー探査機が白い筋状の模様を撮影した。これは、雲が高速の気流によって引き伸ばされてできたものと考えられる。
（NASA/JPL）

●氷火山が活動する衛星トリトン

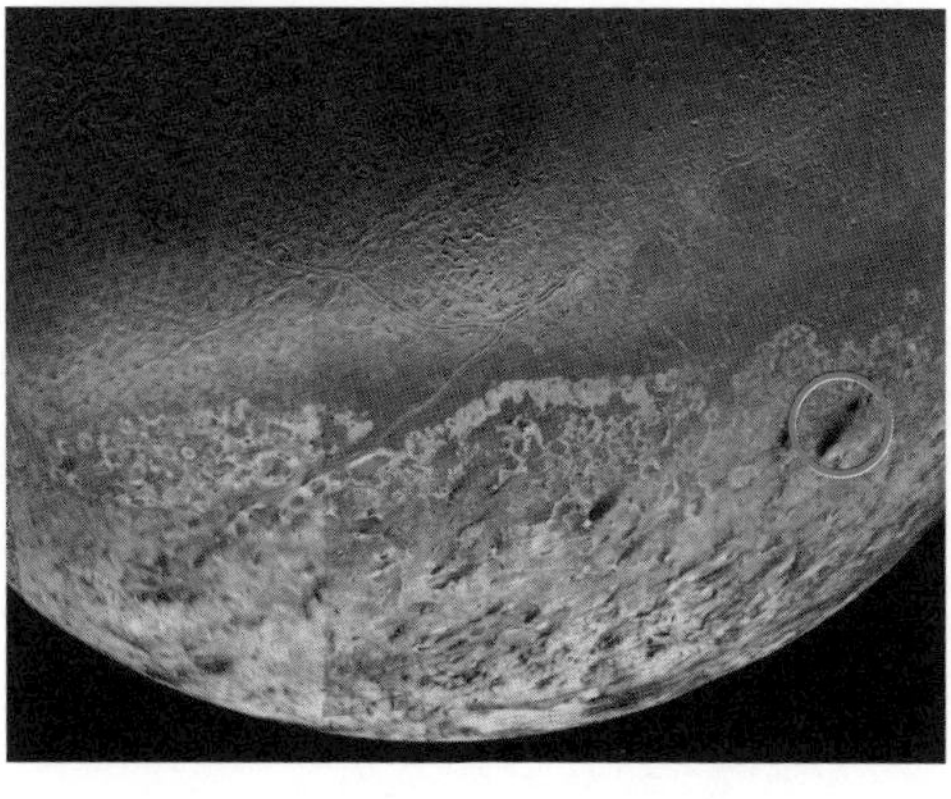
トリトンの地表の温度は極めて低い－235℃。向かって右側の○で囲んだところは氷を含むガスを吹き出す火山で、ここからは噴煙が確認されている。
（NASA/JPL）

34 冥王星があるのはどんなところ？

▼「エッジワース・カイパーベルト」と呼ばれる領域

冥王星が準惑星に位置づけられたことは76～77ページでお話ししました。

冥王星が位置するのは、海王星の外側にある「エッジワース・カイパーベルト」と呼ばれる小天体の集まっている円盤状に広がったエリアです。ここに属する天体を「エッジワース・カイパーベルト天体」、または「太陽系外縁天体」と呼びます。

海王星の外側にそのような領域があるとわかったのは1992年のことです。

うお座のなかで1つの小天体が発見されました。ほとんどの小天体は火星と木星の間にある小惑星帯を回っていますが、1992QB1と仮の名前がつけられたこの小天体は海王星の外側を回っていることがわかったのです。その後もそのような小天体がいくつも見つかり、現在では2500個以上見つかっています。

エッジワース・カイパーベルトは、太陽から遠いことから、この領域の小天体は惑星に成長する速度が遅く、さらに惑星になるための材料もないため大きくなれないまま存在しているようです。

そんな小天体は相互衝突によって集積していると考えられています。その証拠の1つとして、**エッジワース・カイパーベルトには衛星をもつ天体が多い**ことが挙げられます。これは、衝突の際、残骸がもう片方の周囲を回る軌道に乗ることで衛星となったと考えられるからです。

そして**冥王星ですが、なんと5つの衛星をもっている**ことがわかっています。小惑星として認められている天体で、衛星を3つ以上もっているのは冥王星だけ。冥王星の衛星は、カロン、ニクス、ヒドラ、ケルベロス、スチュクスの5つです。

◎冥王星とその衛星◎

©NASA

上）冥王星。右）冥王星を中心に回る５つの衛星をNASAの探査機ニューホライズンズのアニメーションで再現したもの。冥王星を中心に、小さい軌道から順に、カロン、ステュクス、ニクス、ケルベロス、ヒドラとなっている。

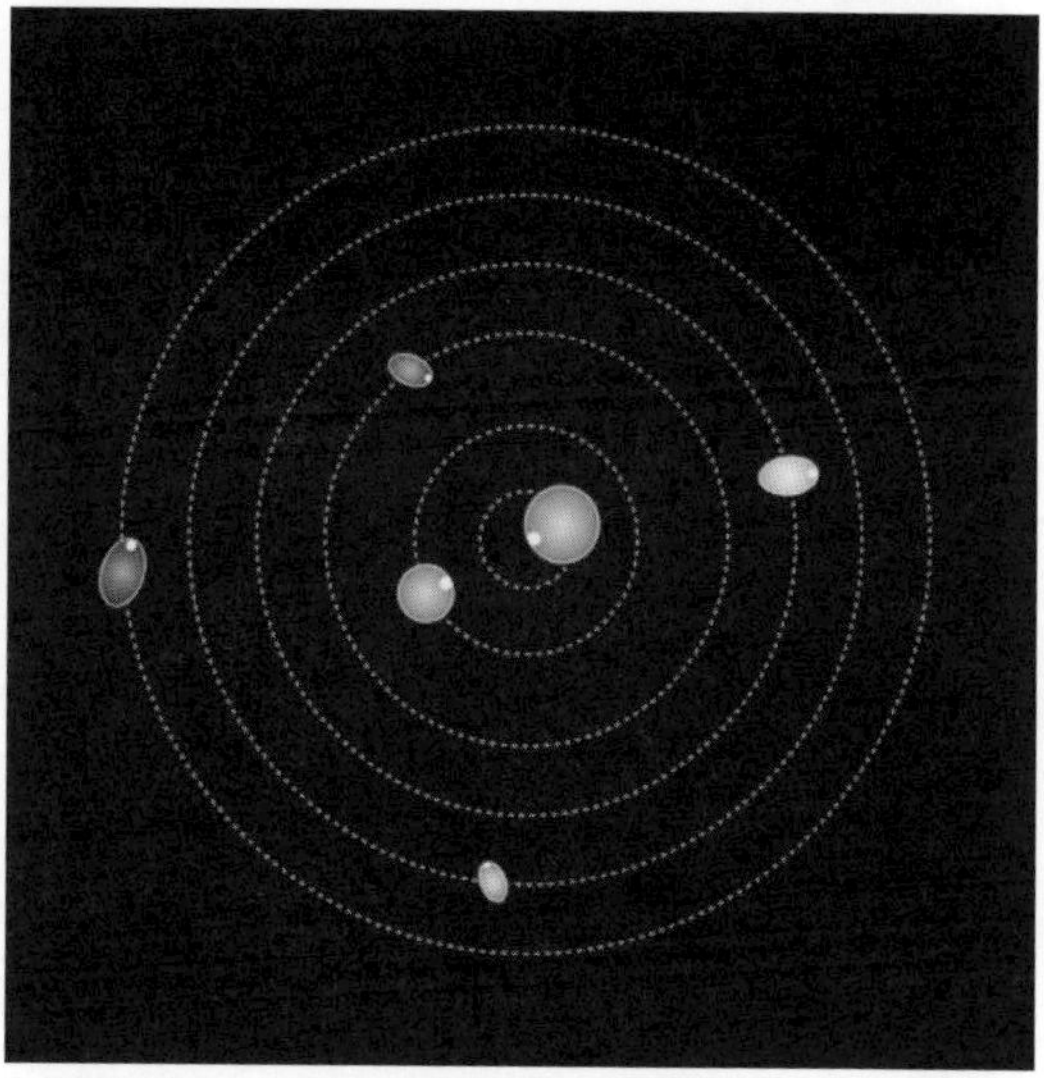

© NASA/ジョンズ ホプキンス大学応用物理研究所/サウスウェスト研究所

冥王星の位置

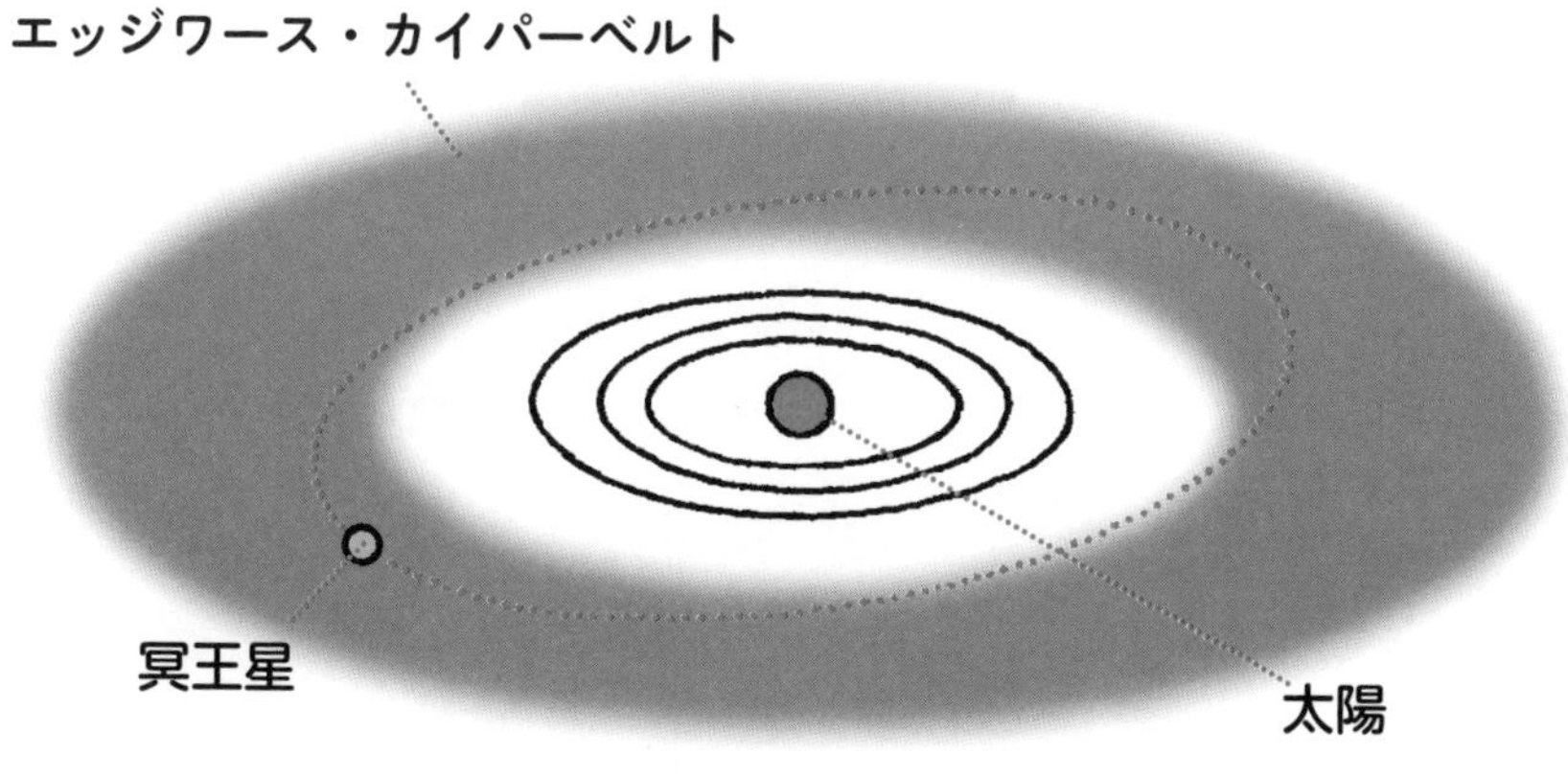

冥王星は太陽系の外縁にあるエッジワース・カイパーベルトに位置する。エッジワース・カイパーベルトには無数の小さな天体があり、それらの天体と冥王星が衝突したことで、冥王星の５つの衛星も誕生したと考えられている。

35 小惑星ってなに？

▼太陽系小天体のうち、彗星ではないもの

「星」と名がつく天体には、恒星、惑星、衛星などがあります。

詳しくは5章でお話ししますが、恒星は太陽のように、それ自身がエネルギーをつくり出して光を放つ星で、夜空に見える星のほとんどは恒星です。その恒星の周りを回っているのは自身がエネルギーをつくり出すことはない惑星で、先に述べたように、太陽系には水星・金星・地球・火星・木星・土星・天王星・海王星という8つの惑星があり、衛星はその惑星の周りを回っています。

太陽系の天体のなかにはほかに、惑星と同じように太陽の周りを回っているものの惑星や準惑星ではない、小惑星や彗星《すいせい》など、「太陽系小天体」と呼ばれる天体があります。

その**太陽系小天体のうち、彗星でないものが小惑星**と呼ばれます。

近年、たくさんの小惑星が確認され、**50万個以上の小惑星に小惑星番号が付されています**が、ほとんどは地球の軌道より外側の木星と火星軌道の間の「小惑星帯」に集まっています。

小惑星といっても数十メートル程度から数十キロメートル、数百キロメートルのものまで大きさはいろいろ、形も球形のものは少なく、さまざまな形状をしています。

もっとも大きい小惑星は「ケレス」でしたが、2006年に冥王星とともに準惑星にも分類されたため、現在は1802年にドイツで発見された**「パラス」が純粋な意味でいちばん大きい小惑星**となりました。

パラスの直径はいちばん大きいところで約600キロメートルあります。とはいえ、9等星のため肉眼では見ることができません。

◎小惑星とは◎

小惑星イトカワ

小惑星リュウグウ

太陽の周りを公転する天体のうち、惑星と準惑星およびそれらの衛星を除いた小天体を太陽系小天体と呼び、それらのうち主に木星の軌道周辺より内側にある小惑星帯にある天体を小惑星と呼ぶ。画像は、日本の小惑星探査機「はやぶさ」が探査に成功した小惑星イトカワと、「はやぶさ２」が探査に成功した小惑星リュウグウ。

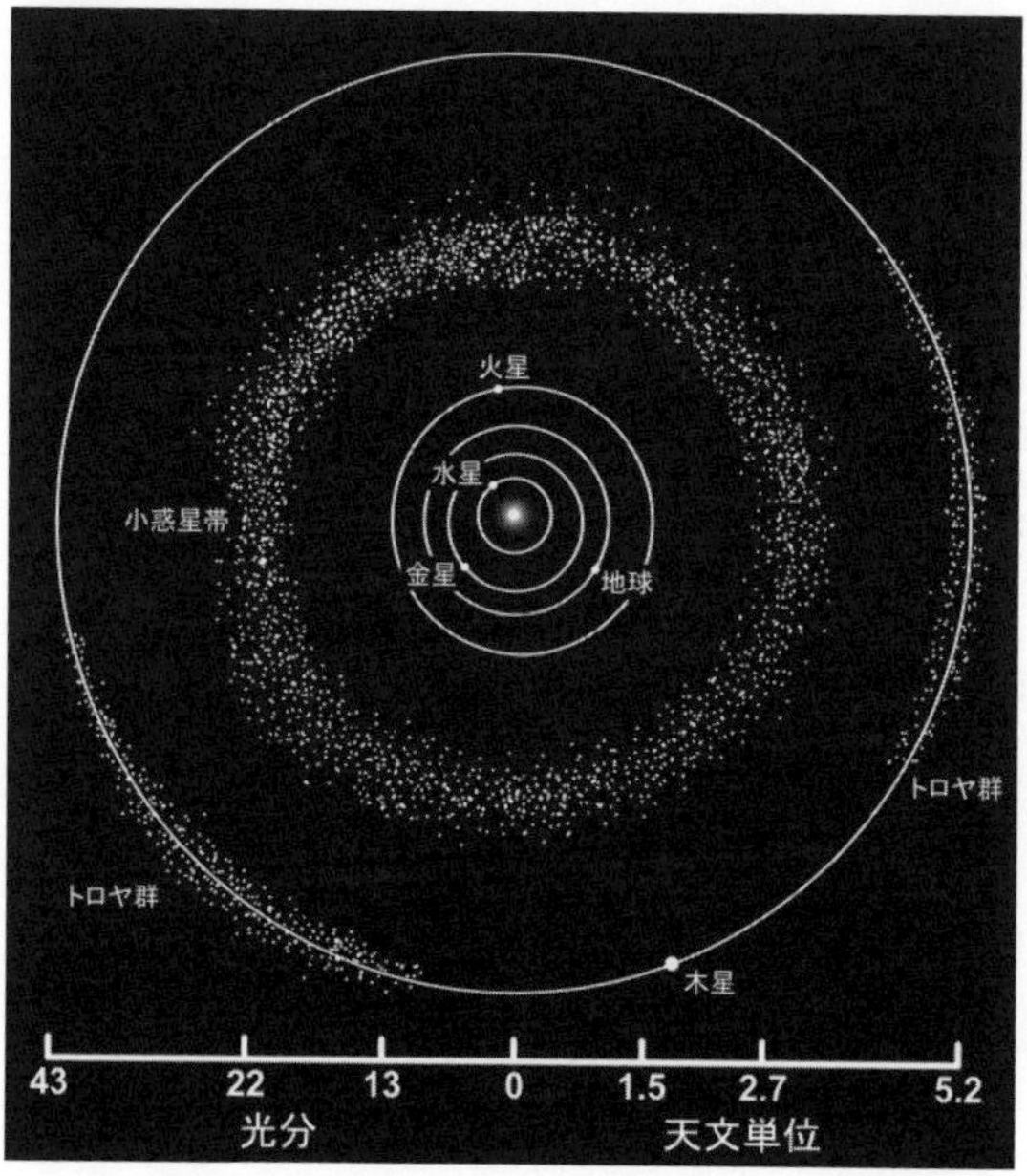

小惑星帯

小惑星帯とは主に火星と木星の軌道の間にあるたくさんの小惑星が存在する領域のこと。この領域以外に、地球軌道近傍の軌道をもつ地球接近小惑星、木星と同じ軌道にあるトロヤ群小惑星があるため、これらと区別して、小惑星帯にある小惑星のことをメインベルト小惑星と呼ぶことも多い。

©国立天文台

36 流れ星と彗星はどう違うの？

▼彗星は太陽系の小天体、流れ星は宇宙のちり

彗星と流れ星は同じようなものだと思われがちですが、実際はまったく違うものです。

流れ星は小惑星や彗星から出た宇宙のちりで、直径数ミリメートルの小さな物体です。地球に届き、大気圏に突入するとき、その摩擦で物質の状態が変化し、光って見えます。大気圏で起こる現象のため、高度１００キロメートル付近で光りはじめ、多くは70キロメートル付近で燃え尽きて、光って見えるのはほんの一瞬です。

彗星はそのおよそ8割が氷で、二酸化炭素、一酸化炭素、そのほかのガス、そして微量のちりでできた、数キロメートルから数十キロメートルのとても小さな天体です。彗星が太陽に近づくことで、氷が溶け、放出されたガスや微粒子が太陽に反射して光り、輝きを増します。

彗星のガスの尾は、太陽風に飛ばされてできるため、進行方向と関係なく、太陽と反対の方向にのびています。同じように尾があっても流れ星の尾が、進行方向の後ろにあるのとは異なります。

では、小惑星と彗星の違いはどうでしょうか。小天体のなかで、ガスなどを放出しているのが彗星、なにも放出していないものが小惑星と分類されます。

また、小惑星の軌道が惑星と同様、円に近い楕円なのに対し、彗星の軌道は細長い楕円のものが多く、放物線や双曲線軌道を描くものもあります。

彗星には、周期的に太陽に近づき、いつごろ地球に近づくか予測・観測しやすい「周期彗星」と、一度近づいたらもう戻ってこない「非周期彗星」があります。**肉眼で確実に見ることができる周期彗星はハレー彗星。次に見られるのは２０６１年の夏ごろ**です。

◎彗星と流れ星◎

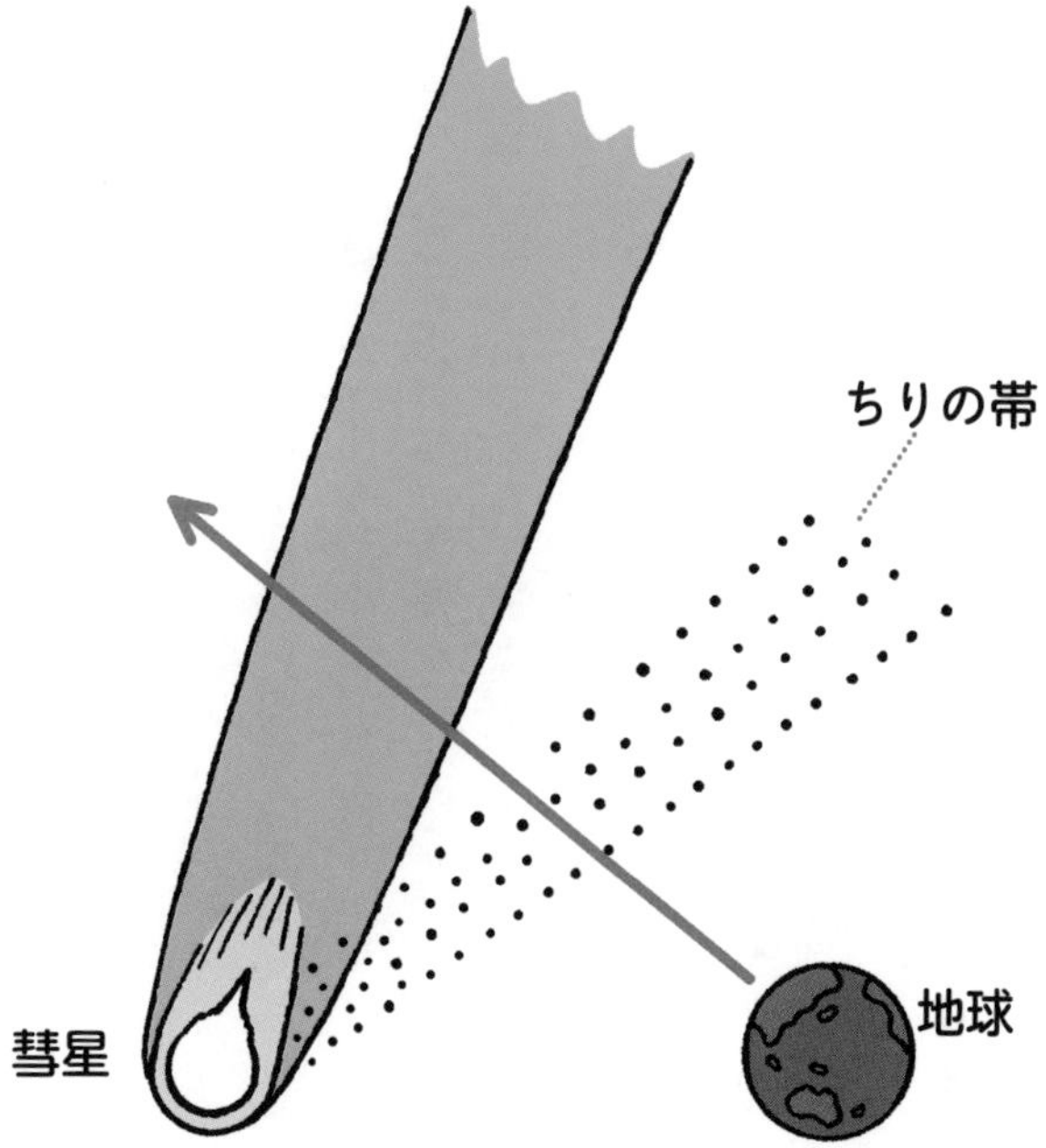

彗星は太陽の周りをガスやちりを放出しながら回っている天体。
その彗星が地球の公転軌道上に残したちりの帯のなかを
地球が通ったときに見ることができるのが流星群（P154～155参照）。
彗星が残したちりが地球の大気に突っ込んできたときに光るのが流れ星。

彗星と流れ星の違い

彗星

・尾を引いた大きな天体
・直径は数キロメートル以上
・何週間も見ることができる場合もある

流れ星

・地球の大気に突っ込んできたちりが発光
・砂粒程度の大きさ
・光の筋が一瞬見える

37 彗星ってどこから来るの？

▼太陽系の端っこからやって来る

彗星の軌道が惑星とは異なることを説明しましたが、彗星はどこからやって来るのでしょうか。

多くの彗星のスタート地点は、太陽系外縁、海王星軌道の外側にあるエッジワース・カイパーベルトと、太陽系最外縁で太陽から1000～10万天文単位離れたところにある「オールトの雲」だと考えられています。

前項で、彗星には軌道を周期的に回る周期彗星があると説明しました。

周期彗星は速いものなら3・3年で太陽を1周し、長いものでは数百年をかけて回ります。

周期が200年未満のものは短期周期彗星と呼ばれますが、これはエッジワース・カイパーベルトのエリアから、周期が200年以上の長周期彗星はオールトの雲のエリアから、やって来ると考えられています。

エッジワース・カイパーベルトやオールトの雲のエリアには、氷を主成分とする小さな天体がたくさん存在していて、それらが彗星のもととなるのです。

オールトの雲には約1兆個もの彗星のもとがあると考えられています。

それぞれの場所にある氷小天体の一部が惑星の引力によってなど、なんらかの原因によって、軌道を変えて太陽系の内側に入り、太陽に近づいて「コマ」（彗星の頭部を取り巻く星雲状のガスやダストの領域）や「尾」をもつ彗星となるのです。

太陽から遠く離れた場所をふるさととする**彗星は、太陽系の惑星が氷微惑星からできたころと同じような情報を彗星のなかにそのまま閉じ込めて、太陽系の内側にやってきます。**

なんだかロマンを感じますね。

◎彗星の軌道と出発点◎

彗星の軌道

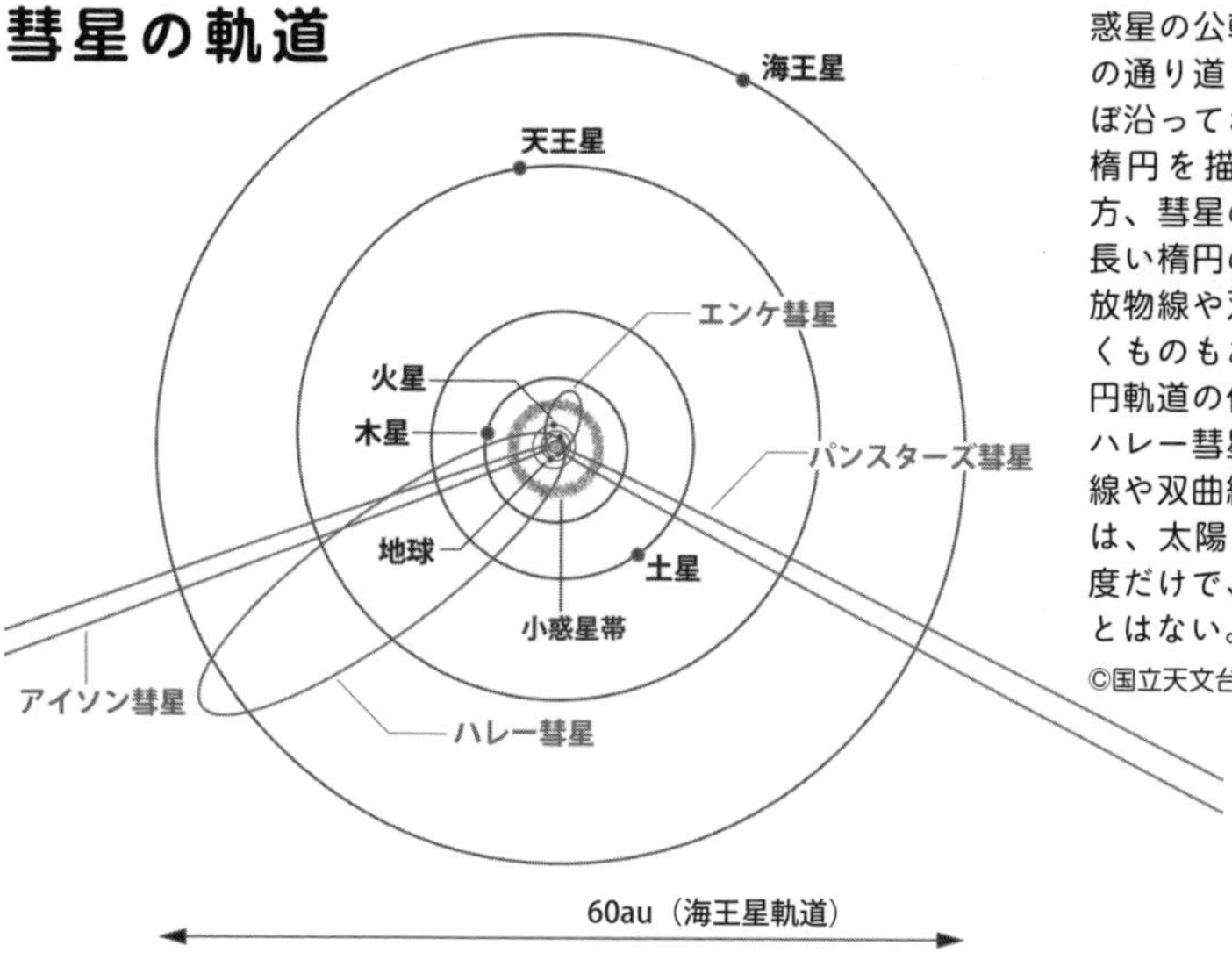

惑星の公転軌道は、太陽の通り道（黄道面）にほぼ沿っており、円に近い楕円を描いている。一方、彗星の公転軌道は細長い楕円のものが多く、放物線や双曲線軌道を描くものもある。細長い楕円軌道の代表的なものにハレー彗星がある。放物線や双曲線の軌道の彗星は、太陽に近づくのは1度だけで、2度近づくことはない。

©国立天文台

彗星の出発点

軌道から彗星を分類する場合、短周期彗星（楕円軌道で周期が200年未満のもの）と長周期彗星（200年以上のもの）となる。短周期彗星には、エンケ彗星（3.3年周期）やハレー彗星（76年周期）などがある。一方、長周期彗星のなかには放物線の遠日点（太陽からもっとも遠い点）が数千天文単位から数万天文単位という途方もないものが多い。現在、観測される長周期彗星の出発点はオールトの雲で、短周期彗星のうち黄道面に近いところを順行する一群（木星族彗星）は、エッジワース・カイパーベルトから、そして短周期彗星のうち、ハレー型彗星は、長周期彗星と同様、オールトの雲からやってきていることがわかっている。

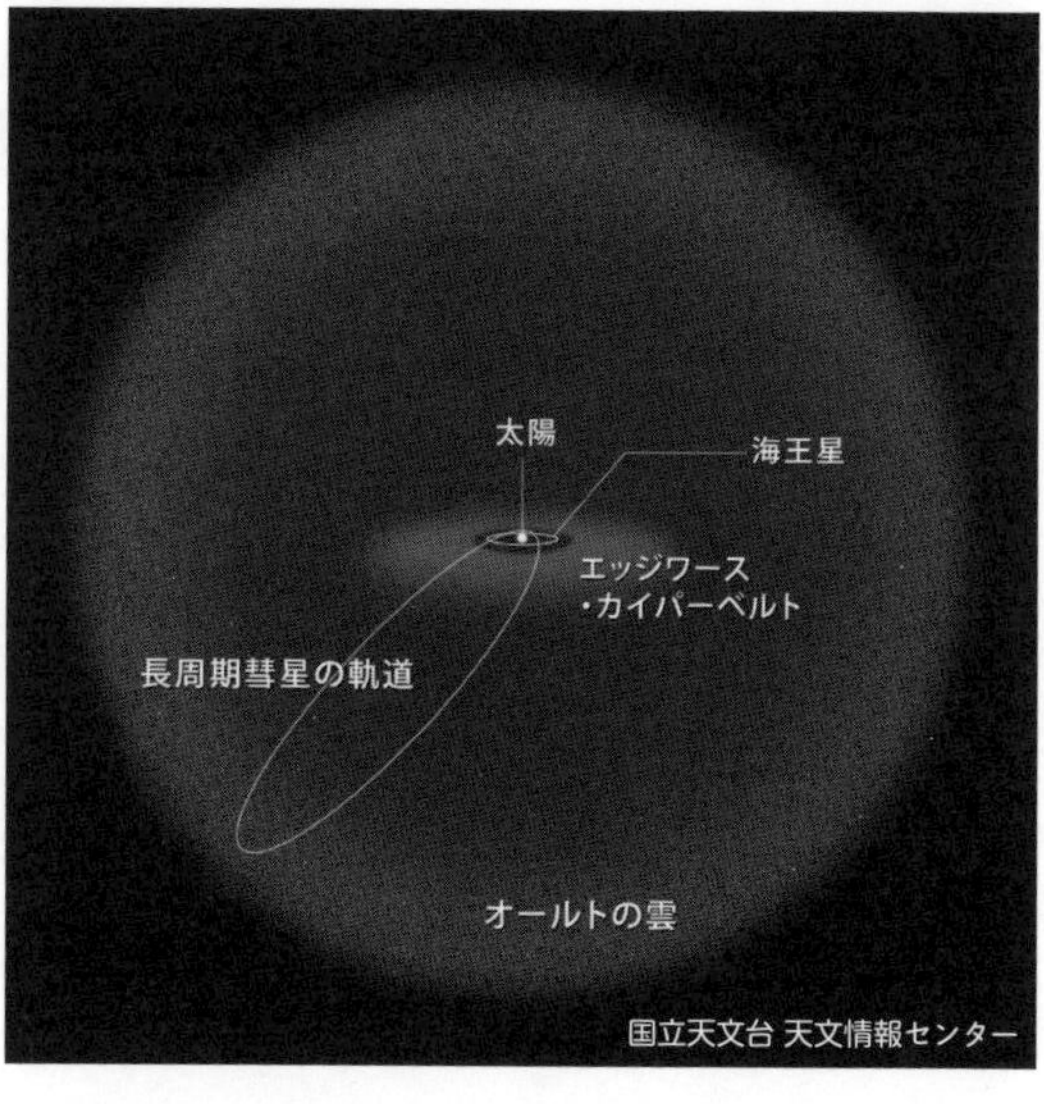

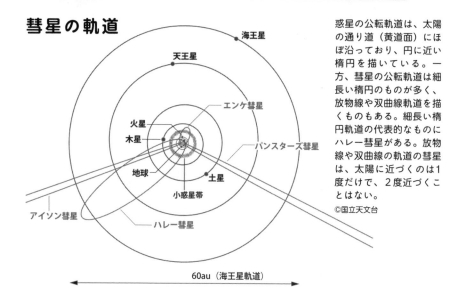

38 小惑星や彗星が地球に衝突することってある？

▼衝突の可能性はあり、常に監視している

地球の周りにはたくさんの小惑星が飛び回っていて、そのどれかが地球に衝突する可能性はつねにあります。

地球と衝突する可能性のある天体は、わかっているだけで2000個近くあるとされています。

そもそも、46億年前、地球自体がたくさんの小惑星と衝突することによってできあがっています。

また、6500万年ほど前に直径10キロメートルの小惑星が地球に衝突し、恐竜など当時の生物種の6割以上が絶滅する事態を招いたことが、メキシコ・ユカタン半島の白亜紀末のものとみられる直径 180キロメートル以上のクレーターによって確認されています。

近年では、2013年2月に、ロシア西部チェラビンスク州に推定直径17メートルの小惑星のかけら（隕石）が落ち、地面に落下する前に空中で生じた衝撃波により、7240棟の建物の窓ガラスが割れ、1500人以上が重軽傷を負うという大事故が起きています。

ロシアの例では、幸いにも死者はいませんでしたが、規模の大きい衝突が起これば、甚大な被害、未曾有の大惨事が起こりかねません。

そこで、**各国の宇宙機関が「惑星防衛」と呼ばれる対策を検討しはじめています。**

NASAは、2022年10月に、地球を脅かす可能性のある小天体の軌道を安全に変えられるかを検証する世界初の惑星防衛システムの実証実験を行い、**地球から約1100万キロメートル離れた小惑星「ディモルフォス」に探査機「ダート」を衝突させ、軌道をそらすことに成功**しました（104～105ページ参照）。人類が天体の軌道を変える画期的な結果を得たのです。

◎地球に近づく危険な小惑星◎

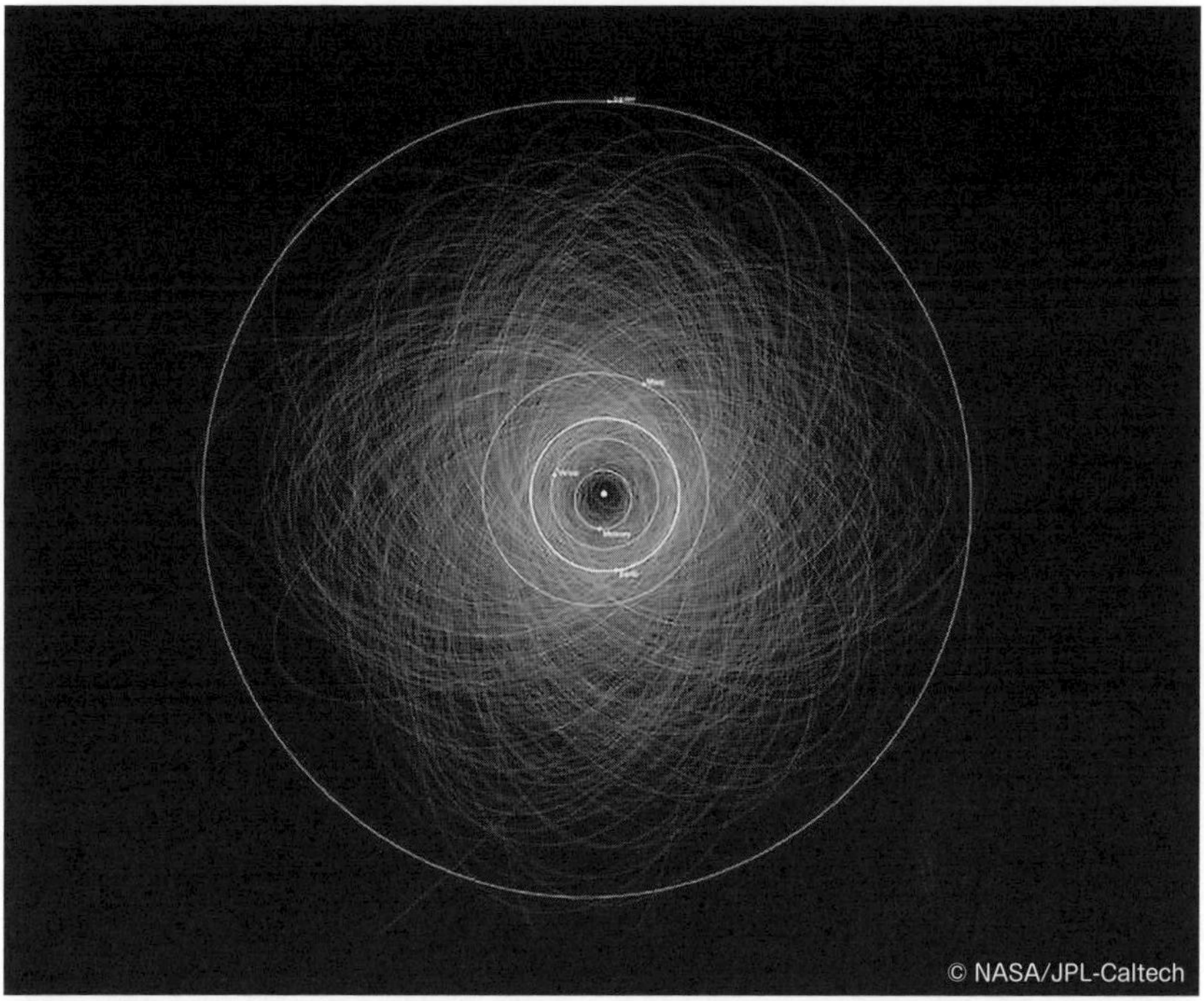

© NASA/JPL-Caltech

潜在的に危険な小惑星とは、地球の近くを飛んでいる小惑星のなかでも、特に地球に衝突する危険性が高く、なおかつ衝突時に地球に与える影響が大きいと考えられる小惑星をいう。これらは大きさが140メートル以上あり、月の約20倍の距離である750万キロメートル以内を通過するもの。上の画像は、2013年初頭時点、確認されている1400個以上もの危険な小惑星の軌道。

300年以内に衝突が危惧される小惑星ベンヌ

2009年に数学者のアンドレア・ミラニと共同研究者が報告した天体力学に基づいた研究によると、小惑星ベンヌは2169年から2199年までの間に8回、地球に接近し、そのどれかで地球へ落下する可能性があると判明した。しかし、今後300年以内に地球に衝突する可能性はかなり低いといわれているが、絶対に衝突しないともいえない状況で、世界の天文学者はベンヌの動きに注目している。

© NASA/Goddard/University of Arizona

39 太陽系の果てはどうなっている？

▼太陽系外縁天体のずっと先にはオールトの雲が

太陽系のいちばん外側の惑星である海王星は太陽と地球の間の距離1天文単位（約1億5000万キロメートル）の約30倍のところを回っています。それよりさらに外側、**太陽から約100天文単位離れたあたりに、準惑星の冥王星やエリスなどが集まったある領域があります。**

現在、太陽系外縁天体は、およそ2500個確認されていますが、まだそのような天体が発見されていなかった1943年と1957年に「海王星以遠の太陽系外縁部に多数の小天体が円盤状に分布している」という仮説を立てた2人の天文学者がいました。エッジワースとカイパーです。

やがて1992年に冥王星よりも遠い天体1992QB1が発見されて以降つぎつぎと天体が発見され、ようやく2人の仮説が立証されたのです。そこでこのエリアは「エッジワース・カイパーベルト」と名づけられました。

そのさらにずっと遠く、太陽系の外側にあると考えられているのが「オールトの雲」（98ページ参照）です。

オールトの雲は、球状の氷とちりの小天体の集まりで、これが太陽系の最外縁を取り巻いていると考えられています。1950年にオランダの天文学者ヤン・オールトが長周期彗星や非周期彗星の起源として提唱し、こう名づけられました。

オールトの雲は直接観測されたことはありませんが、**太陽からおよそ1万天文単位、約10分の1光年のところにあると考えられ、1兆個単位の数の天体が球状のように分布していると推測されています。**オールトの雲がどこまで広がっているかまだわかっていませんが、1万〜10万天文単位と考えられています。

◎太陽系の全貌◎

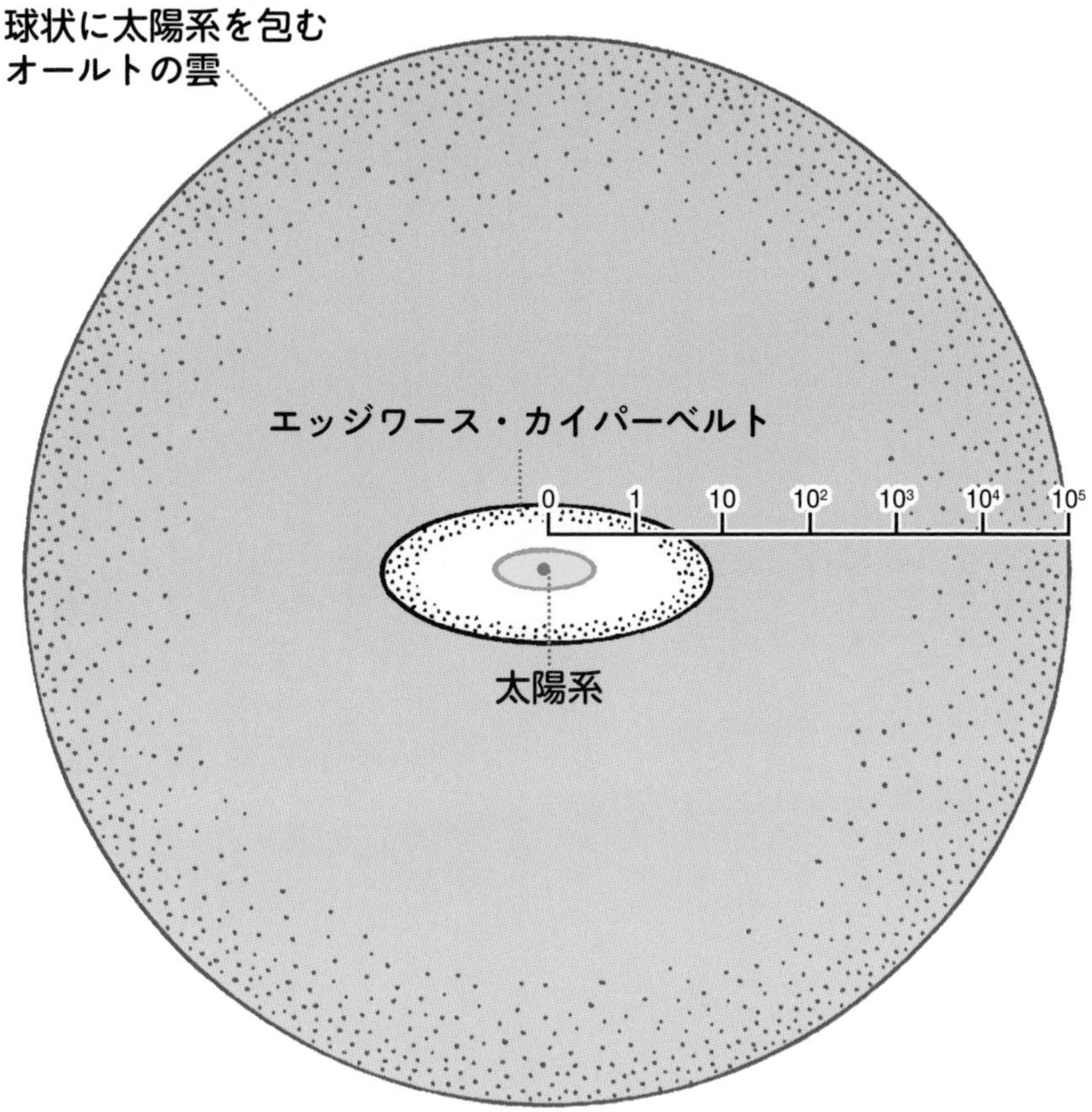

オールトの雲は、太陽からおよそ1万天文単位、約10分の1光年のところにあると考えられ、1兆個単位の数の天体が球状のように分布していると推測されている。惑星形成期に巨大惑星の近くにあった微惑星が、巨大惑星の重力によって跳ね飛ばされ、細長い楕円軌道をとるようになり、やがて天の川銀河の潮汐力（P34参照）などの影響を受け、黄道面から離れ、太陽系を取り囲む形となったと考えられている。

宇宙Column

天体の衝突から地球を守るプラネタリーディフェンス

恐竜の絶滅が天体衝突によるものだったとの学説が1980年に発表されてから、天体衝突が地球への脅威になり得ることがわかってきました。

その対策について真剣に討議されはじめていた1994年、木星へのシューメーカー・レヴィ第9彗星の衝突が観測されました。衝突により木星には地球とほぼ同じ大きさである直径1万2000キロメートルのダークスポットと、7500キロメートルのキノコ雲を形成。その爆発力は、地球上の全核兵器を1度に爆発させたエネルギーのおよそ600倍といわれています。

この事件を受け、天体の地球衝突に対応する「スペースガード」活動が行われるようになりました。

さらに、近年では、宇宙観測の技術が大きく進歩し、過去には観測することができなかった、地球接近天体（NEO）やポテンシャル・ハザード・アステロイド（PHA）と呼ばれる衝突の危険性がある小惑星が地球のそばをびゅんびゅんと飛んでいるということがわかってきました（100ページ参照）。

PHAはそう簡単には衝突しないと考えられていますが、もし衝突したら大変なことになります。そこで2000年ごろから国連のなかでも議論がはじまり、「プラネタリーディフェンス」と銘打たれた活動がはじまりました。

プラネタリーディフェンスでは、まずNEOを発見し、観測で軌道を正確に求め、その軌道が地球に衝突するか確認し続けます。これがPHAと判断された場合のための衝突回避方法の研究を

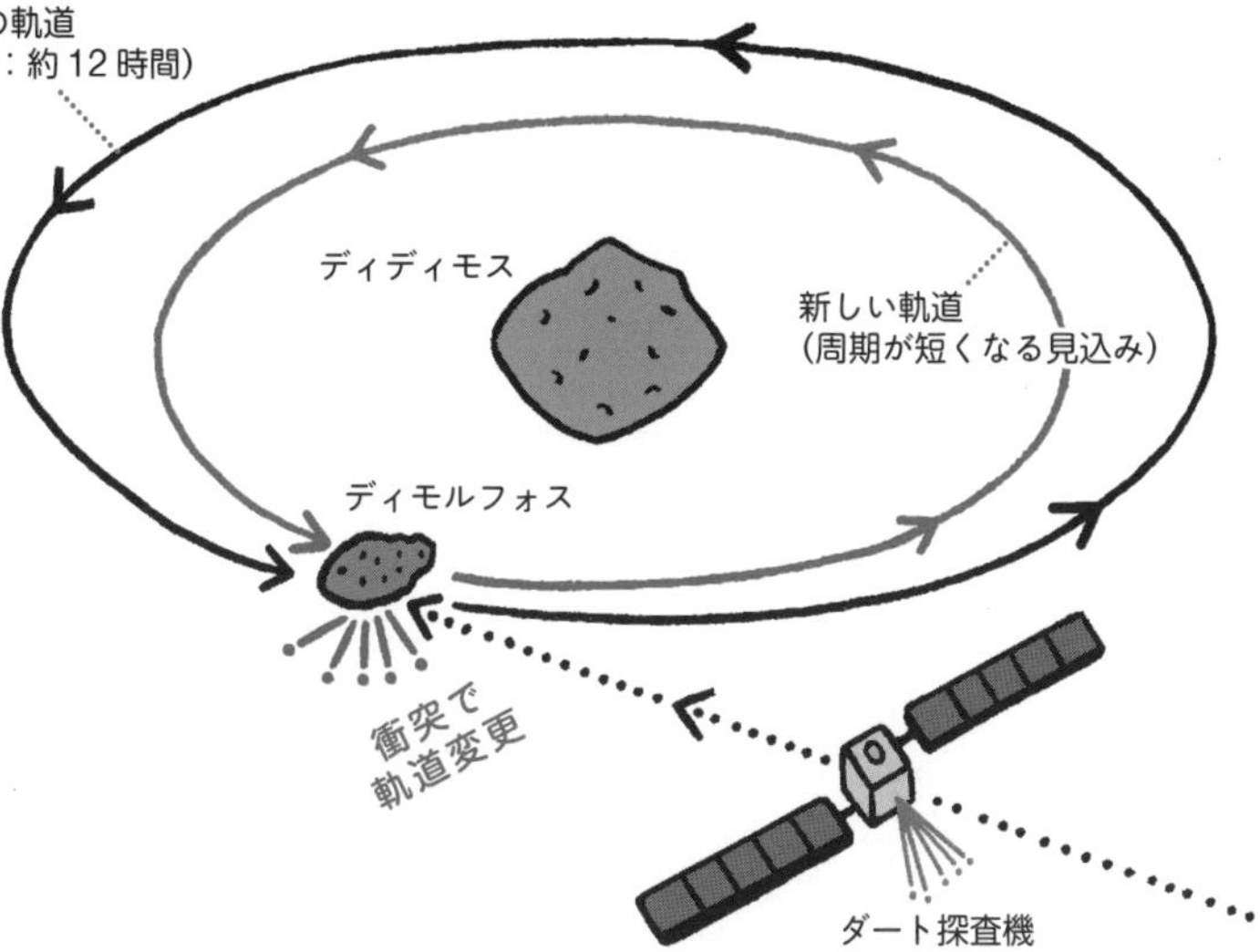

ダート探査機の衝突前の観測では、ディモルフォスはディディモスの軌道を1周11時間55分かけて回っていた。衝突後にはその時間が1周11時間23分に減少。NASAの想定ではダートの衝突によって、73秒程度しかディディモスの軌道を動かせないと考えていたが、実際はその想定の25倍以上の効果があったことになる。

行っています。ただ、地球への衝突を回避できない場合には、どうやって被害を最小化するかも重要な検討課題です。

２０２２年半ばまでに、発見されたＰＨＡは約３万個。そのうち10個の天体には探査機が近づいて観測を行っています。

さらに、衝突回避の方法として小惑星の軌道を変更するための実験「アイーダ計画」が行われています。この計画はダート探査機と２０２４年打ち上げ予定のヘラ探査機の２つのミッションからなります。

そして、２０２２年９月に米国のダート探査機が地球に近づく小惑星を想定し、その進路を変えるため、時速２万４０００キロメートルの速度で飛ぶ探査機を直接小惑星にぶつける実験を行いました。そして小惑星ディディモスの衛星ディモルフォスに探査機を衝突させ、その軌道を変更することに成功しています。ヘラ探査機は、２０２７年にディモルフォスに到着し、衝突の影響について詳しく調査を行う予定です。

星々との暮らし④

時計はどうして右側に回るのか

ゲームをするときや輪になって話をするときなど、順番になにかをするとき、最初の人から順に「時計回りで」といういい方をしませんか？

時計回りとは時計の進み方と同じ右回りですが、世界のどこにいっても同じです。では、なぜ時計は右回りと決まっているのでしょうか。

その理由は時計の成り立ちにまでさかのぼります。もともと人は、日の出から日の入りまでの太陽の動きを目で見て一日の時の流れを意識していました。やがて、地面にまっすぐな棒を立て、東から昇って西に沈む太陽に照らされたその棒の影や長さでおおよその時刻を計る「日時計」が紀元前4000年ごろのエジプトで発明されました。

これが時計のはじまりです。

地球は西から東に自転しているため、太陽などの天体はすべて東から西に動いています。

エジプトは北半球に位置するため、左にあたる東から昇った太陽は西である右に沈みます。つまり太陽の動きを受けて動く影も左から右に動くため、日時計の時間の経過は右回りで表されたのです。

やがて機械式のぜんまい式時計などが発明されましたが、そのときに日時計を参考にしたことで、時計も右回りになったといわれています。

文明が発達していた北半球で発明がはじまったことから、北半球の常識に合わせ、時計は右回りとなりましたが、この理屈から考えると、もし日時計が南半球で発明されていたら、時計は左回りになっていたのかもしれません。

第5章 恒星と銀河の世界

40 恒星と惑星はどう違うの？

▼自ら光を放射する恒星、光を発しない惑星

恒星は、見かけの相対的位置が「恒《つね》に変わらない星」ということで名づけられました。

私たちが夜空を見上げて、そこに輝く星たちは太陽系惑星を除いて、すべて恒星です。**もちろん、太陽も恒星の仲間ですが、天の川銀河のなかだけで、恒星は1000億個以上あると考えられています。**

以下のこの章では、特に断りがない限り、恒星を「星」と表すことにします。

恒星の周りを公転する天体のうち、中心で核融合を起こすほどは質量が大きくなく、自ら光や熱を放出しない天体が惑星です（太陽系の惑星の定義は76ページ参照）。

太陽系の惑星は、地球も含めて太陽の光を反射して光って見えるのです。ほかにも恒星と惑星の中間に位置するような天体もあります。

恒星は銀河のなかのガスやちりが凝縮して、核融合を起こして生まれますが、太陽の0・08倍よりも小さい質量をもって生まれた天体の場合はそうではありません。

たとえ核融合を開始したとしても、すぐに反応が止まるか、ごく低出力の放射しかできないのです。そのために表面が暗い赤色に見えることから、「褐色矮星《かっしょくわいせい》」と呼ばれています。

また、明るさが変わる恒星もあります。「変光星」といい、有名なのがくじら座のミラです。

明るいときは2等星でとてもはっきりと見えますが、暗いときは10等星になってしまい、肉眼では見えなくなってしまいます。

ミラは、膨張と収縮を332日の周期でくり返すなかで明るさが変わることから、「脈動変光星」と呼ばれています。

◎恒星と惑星と衛星の違い◎

恒星	惑星	衛星
自ら 光り輝いている 例／太陽	自らは光らずに 恒星の周りを回っている 例／地球	自らは光らずに 惑星の周りを回っている 例／月

恒星の色の違い

星の色の違いは温度の違い

温度が高い ↑ ↓ 温度が低い

青色	20000〜40000度	スピカ（おとめ座）／29000度 アルニタク（オリオン座）／45000度
白	8000〜10000度	ベガ（こと座）／9600度 シリウス（おおいぬ座）／9600度
黄色	6000度	太陽／5800度
オレンジ	4000度	カペラ（ぎょうしゃ座）／5000度
赤	3000度	ベテルギウス（オリオン座）／3800度 プロキシマ（ケンタウロス座）／2800度

恒星の色はその星の温度の違いによる。光るための燃料の量が多ければそれだけ温度が高くなる。

温度が低い星は赤っぽく見え、温度が高い星ほど青っぽく見える。

41 星にも一生があるってホント？

▼星たちにも誕生から死にいたるドラマがある

太陽や夜空に輝く多くの星たちにも、誕生から死にいたるまでのドラマがあります。

どの星も、銀河のなかのガスとちりが凝縮して生まれたものですから、その成分には本質的な違いはありません。そして、もっていた核融合のための材料を使い果たすと一生を終えるのです。

しかし、その一生は、星の質量によって異なります。

● 太陽の0・08倍よりも軽い星

108～109ページでお話した「褐色矮星」です。

中心部の温度が十分に上がらないため、核融合が起きないか、起きたとして短時間で終わってしまい、その後は徐々に冷えていきながら余生を送ることになります。

● 太陽の0・08倍から8倍程度の質量をもつ星

中心部の温度が高いため、水素が核融合を起こし、中心部の水素を使い果たすまで輝き続けます。

材料を使い果たしてしまうと膨張をはじめて「赤色巨星」になり、最後は「惑星状星雲」となって、星の芯は「白色矮星」として残ります。

● 太陽より8倍重い星

核融合反応は、水素からヘリウム、ヘリウムから酸素・炭素へと続いていき、最終的には鉄がつくられます。そして、膨張をはじめて「赤色超巨星」になります。そして、自らの重力によって星は崩壊して、「超新星爆発」を起こします。

典型的な寿命は数千万年ほどで、爆発の際に、さまざまな元素をつくり出して宇宙空間に放出するとともに、そのあとには「中性子星」、あるいは「ブラックホール」という超高密度の天体が残されます。

◎質量によって違う星の一生◎

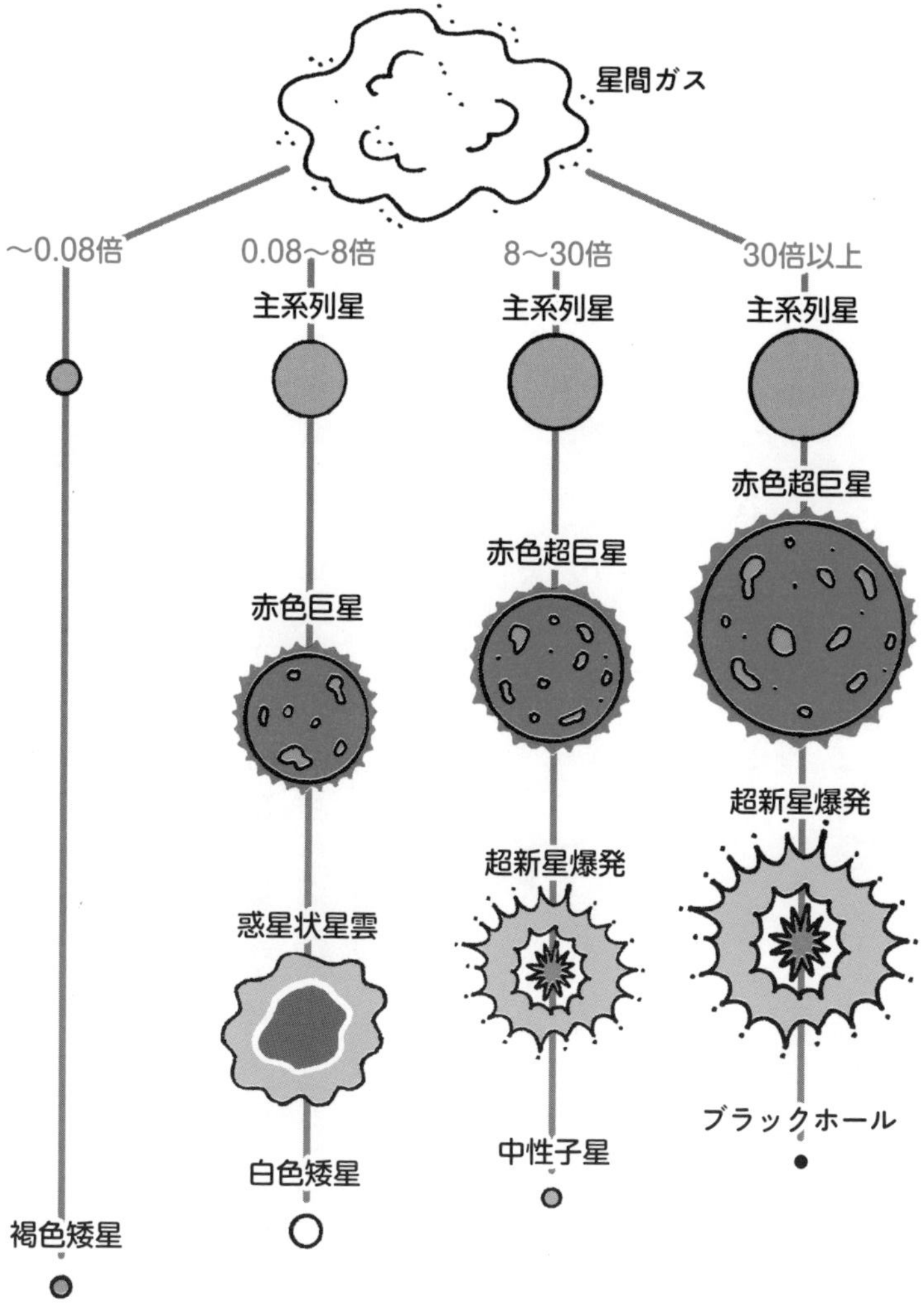

太陽の0.08〜8倍程度の星は、赤色巨星になったのち、外層を宇宙へ拡散させて、惑星状星雲となり、その中心には白色矮星が残る。

太陽の8〜30倍程度の星は、赤色超巨星になったのち、超新星爆発を起こし、中性子星となる。

太陽の30倍以上の質量をもつ巨大な星は赤色超巨星となったのち、超新星爆発を起こし、ブラックホールになる。

42 超新星爆発ってどんな爆発？

▼鉄よりも重い元素が宇宙空間に大量に放出される

質量が太陽の10倍以上もあるような重い星ほど核融合の材料である水素はたくさんあります。

しかしその分、中心部が高温・高圧になって核融合が激しく進み、短期間で燃料を使い果たし、最期を迎えます。

さらに重い星では、材料がなくなり、核融合が終了すると、中心部は鉄ばかりになります。

そもそも星は自分自身の重力で縮もうとしていますが、核融合が起こっている間は、そのエネルギーによってつぶれることはありません。

しかし、核融合が終了し、中心部が鉄ばかりになってしまうと、一瞬のうちにつぶれてしまい、その反動で大爆発を起こし、星の外層部を吹き飛ばしてしまうのです。

この爆発を「超新星爆発」といいます。

実態は、年老いた星の最期なのですが、爆発によって強い光を放つことで、新しい星が現れたように見えることから、こう呼ばれています。

超新星爆発の結果、原子を構成する素粒子の1つである中性子がぎっしり詰まった中性子星や、太陽の30倍以上の質量をもつ星の爆発なら、ブラックホールが残されます。

中性子星は、1立方センチメートルあたりなんと10億トンもの重さをもっています。

実は、宇宙が誕生したころは、水素やヘリウムなどの軽い元素しか存在していませんでした。

しかし、惑星はもちろん、私たちの体も、重い元素から成り立っています。

この重い元素は恒星の核融合や超新星爆発の際につくられ、宇宙空間に放出されたものなのです。

もし、超新星爆発がなければ、私たちの生命も生まれなかったのです。

◎超新星爆発の残骸◎

おうし座の超新星残骸。別名「かに星雲」。この星が超新星爆発を起こしたのは、1054年。中国や日本の文献に残されている。爆発の残骸は現在も膨らみ続けている。

NASA, ESA, J. Hester and A. Loll (Arizona State University)

◎大質量星が重力崩壊によって起こす爆発のメカニズム◎

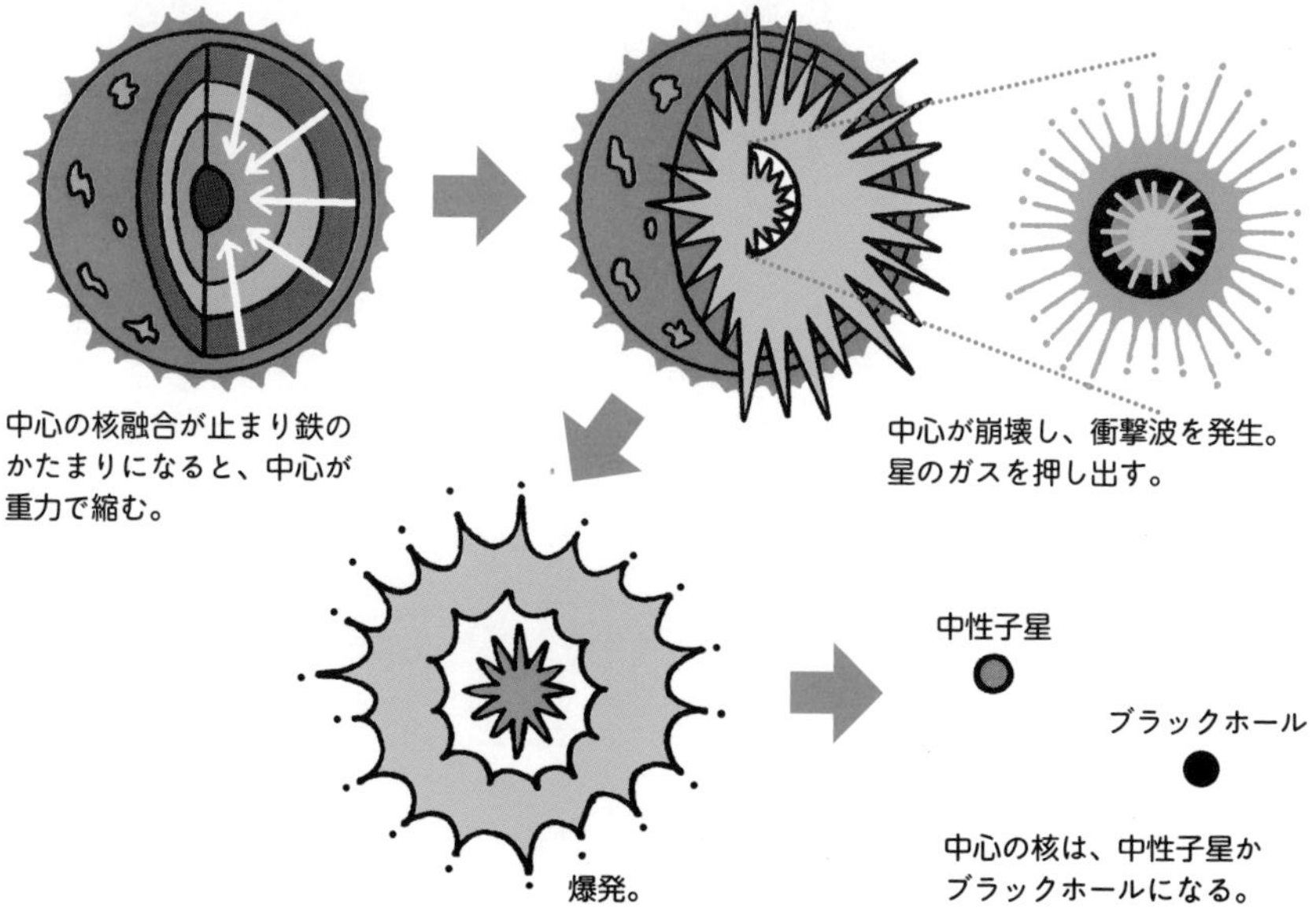
中心の核融合が止まり鉄のかたまりになると、中心が重力で縮む。
中心が崩壊し、衝撃波を発生。星のガスを押し出す。
爆発。
中性子星
ブラックホール
中心の核は、中性子星かブラックホールになる。

43 ブラックホールってどうしてできるの？

▼超新星爆発後自分の重力でどんどん収縮してできる

ブラックホールは、太陽の30倍以上という、とても大きな質量をもつ星の最期の姿です。

超新星爆発のあとに残った星の芯のようなもので、自分自身の重力によってどんどん収縮していって、大きさが無限小の「点」になってしまったもの。逆に密度は無限大になっています。

そこでは、すべての物理法則が成り立たず、光も外に逃げ出すことができません。

では、光を発しないこの天体をどのようにして見つけるのでしょうか？

そのカギがX線です。

太陽は1つの恒星が単独に存在していますが、宇宙には連星《れんせい》がたくさんあります。

連星とは、2つの星が互いの周りを回っている星で、このうちの1つがブラックホールになると、もう一方の星のガスを吸い寄せていきます。

そしてガスがブラックホールに落ち込んでいくときにものすごい高温になり、X線を放射するのです。

つまり、このX線を観測すれば、そこにブラックホールが存在することの「状況証拠」となるわけです。

ブラックホールは、アインシュタインの相対性理論によってチャンドラセカールが予言した天体です。当初、それはあくまで理論上のもので、実在するとは思われていませんでした。

ところが、X線を使った観測によって1970年、「はくちょう座X－1」というブラックホールが発見されたのです。

これを契機に、ブラックホールとみられる天体がたくさん発見され、その存在は確実なものになっています。

◎ブラックホールができるまで◎

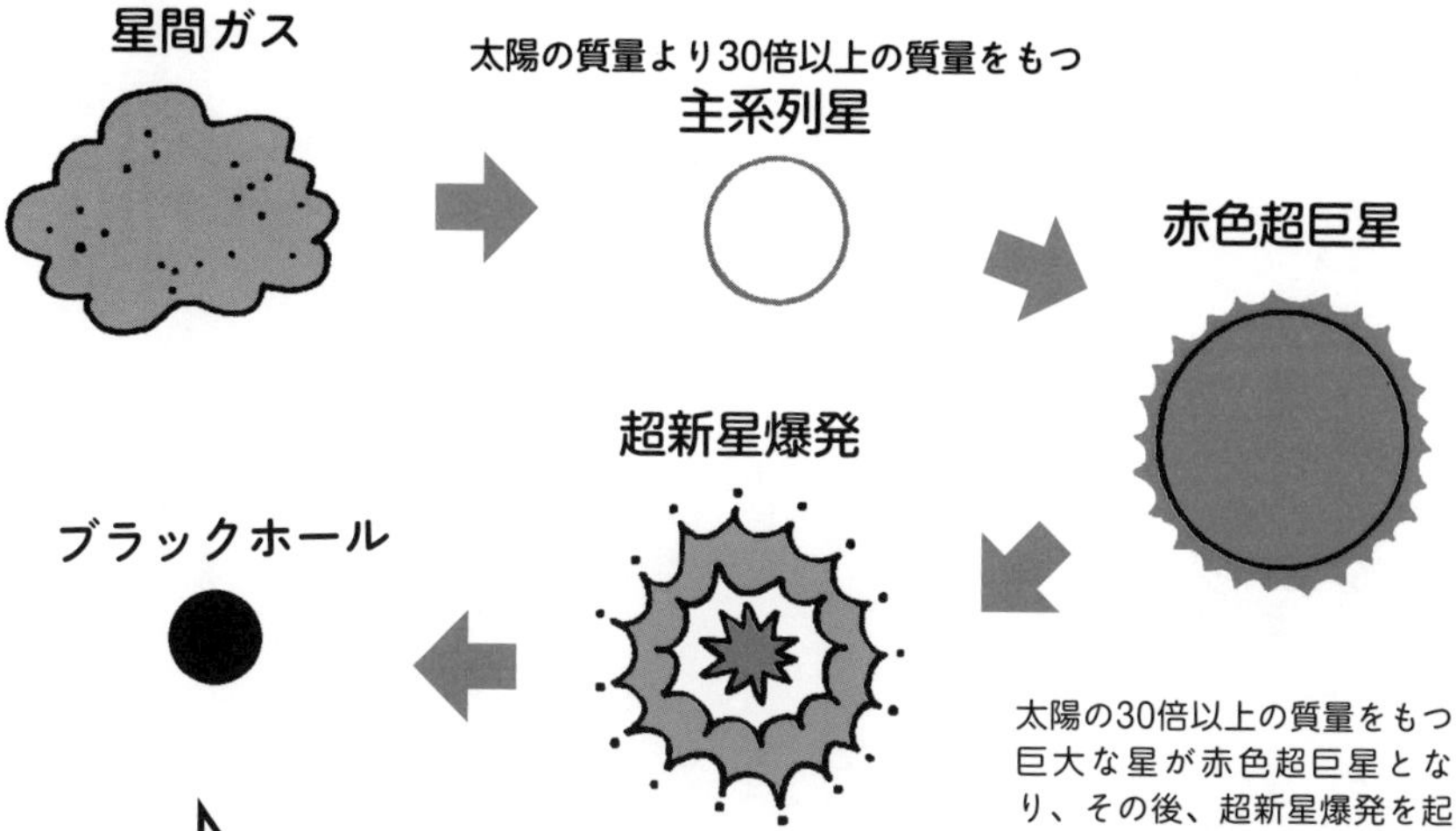

太陽の30倍以上の質量をもつ巨大な星が赤色超巨星となり、その後、超新星爆発を起こし、自らの重力で一点に押しつぶされて重力崩壊を起こし、ブラックホールになる。

ブラックホールの構造

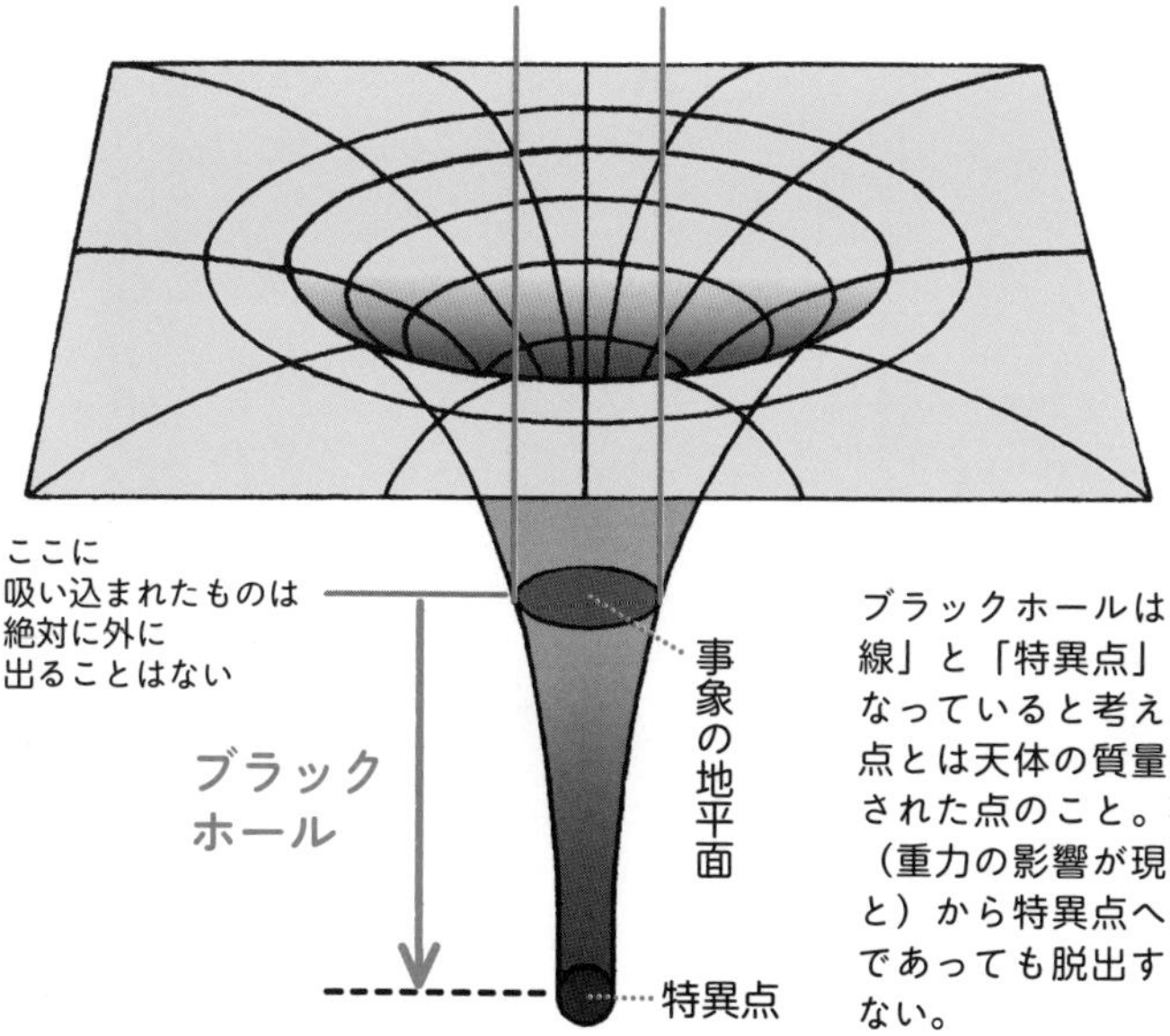

ブラックホールは「事象の地平線」と「特異点」という構造になっていると考えられる。特異点とは天体の質量が一点に凝縮された点のこと。事象の地平線（重力の影響が現れる空間のこと）から特異点へと入ると、光であっても脱出することはできない。

44 銀河は恒星が寄り集まってできているの？

▼天の川銀河だけでも2000億個以上の恒星がある

私たちが住む地球は、太陽の周りを回っている惑星です。

この地球を含む8個の惑星、惑星の周りを回っている月をはじめとする衛星、さらに無数の小さな天体から構成されているのが、太陽系です。

そして、太陽のような恒星が約2000億個以上集まってできているのが、天の川銀河です。

銀河というのは、数十億から数千億という数の恒星が、互いの重力によって寄り集まってできたものです。

その大きさは数千光年から10万光年以上もあり、形もきれいに渦を巻いたものから、渦のはっきりしないものや不規則なものと、さまざまです。

私たちは太陽系の惑星は、静止した太陽の周りを回っているとイメージしがちです。

しかし実際には、太陽自体も高速で移動していて、結果的には太陽系全体が高速で移動していることになります。

そのスピードは秒速約240キロメートル！

太陽系はこのスピードで天の川銀河のなかを移動し、約2億2000万年から2億5000万年かけて1周しているのです。

また、銀河同士も重力によって寄り集まり、グループをつくっています。

数十個程度までの銀河の集まりを「銀河群」といい、天の川銀河も「局部銀河群」に属します。

局部銀河群は、アンドロメダ銀河、天の川銀河、さんかく座銀河の3つを主要な銀河として、全部で50個近くの銀河で構成されています。

さらに、100個から1000個の銀河が、1000万年光年ほどの空間に密集したものが「銀河団」です。

◎銀河のグループ構造◎

●銀河

●銀河群・銀河団

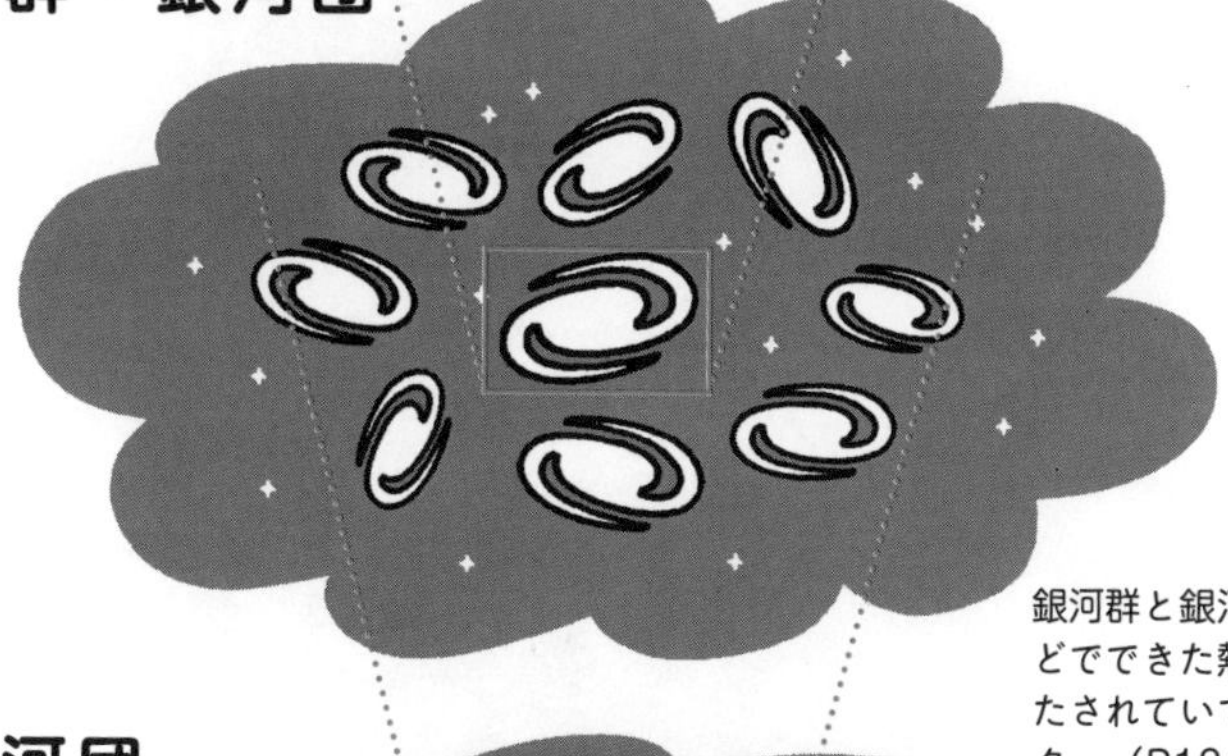

銀河群と銀河団は水素などでできた熱いガスに満たされていて、ダークマター（P124参照）もたくさんある。

●超銀河団

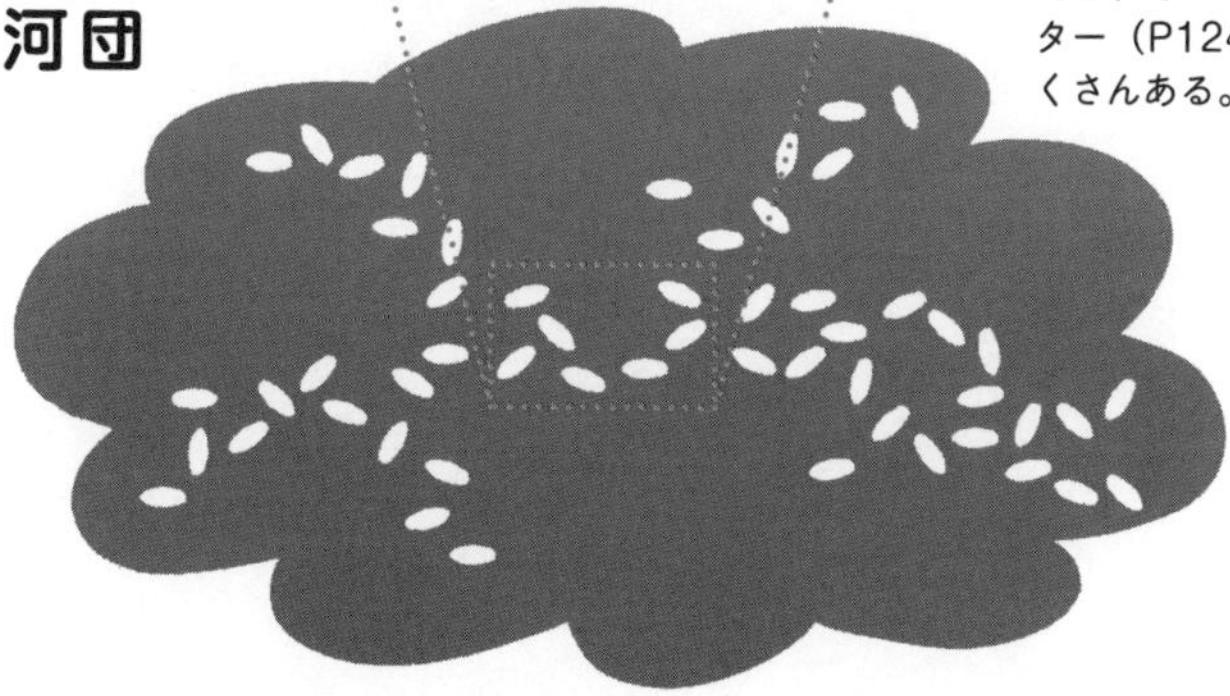

銀河群や銀河団が１億光年以上の大きさに連なったのが「超銀河団」で、10個以上見つかっている。私たちの天の川銀河をふくむ局部銀河群は、おとめ座超銀河団の一員。そして中心にあるおとめ座超銀河団の重力で引きつけられ、毎秒300キロメートルの速さで動いている。

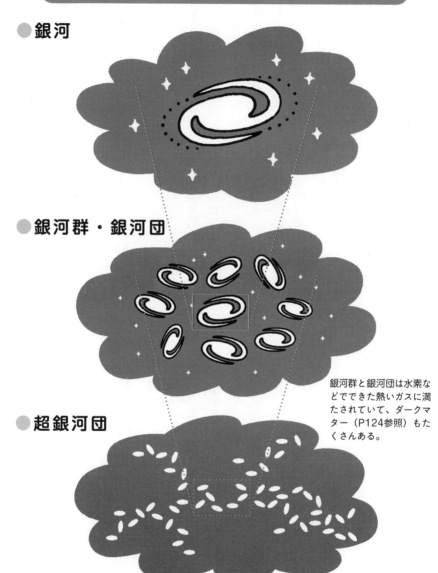

45 そのなかにいるのに天の川が帯のように見えるのはなぜ？

▼円盤の端っこから断面図を見ている！

夜空に見える天の川。天の川は約2千億個もの星の集まりで、夏にはいて座とはくちょう座を結んだ線に沿って見えます。

天の川を見たことがない、という人も少なくありませんが、実は**天の川は夜空を見慣れた人でないとなかなか見つけられない**かもしれません。

それは天の川を地上から見ると、星の集まりという言葉から想像されるようには見えないからです。**夜空に何かもやもやした雲のような、煙のような部分があるように見えるものがあったら、それが天の川**です。

太陽系は天の川銀河に属しています（14ページ参照）。つまり、私たちが見る天の川は、私たちがいる天の川銀河をその内側から眺めた姿です。

でも、内側から見ているのに、なぜ長い帯のような形に見えるのでしょうか。

それは、天の川銀河の形状と、私たちの太陽系との位置関係、距離にあります。

天の川銀河は、上から見ると渦巻状で、直径10万光年、厚さ1000光年の大きさがあります。

地球のある太陽系は、**円盤状の銀河の端、中心から約3万光年のところにあります**（15ページ参照）。この位置に立っていると想定して、天の川銀河の中心方向を向くと、厚みのある帯のように天の川銀河の星々を見ることができます。一方、銀河の中心と反対側（円盤の端の方向）を向くと、中心方向よりもっと細く星も少ない帯が見えるはずです。

これが天の川銀河のなかにいるのに、天の川が帯のように見える理由です。地球の公転により季節によって見える方向が違うことで、季節によって天の川の見え方も変わってきます。

◎天の川が帯のように見える理由◎

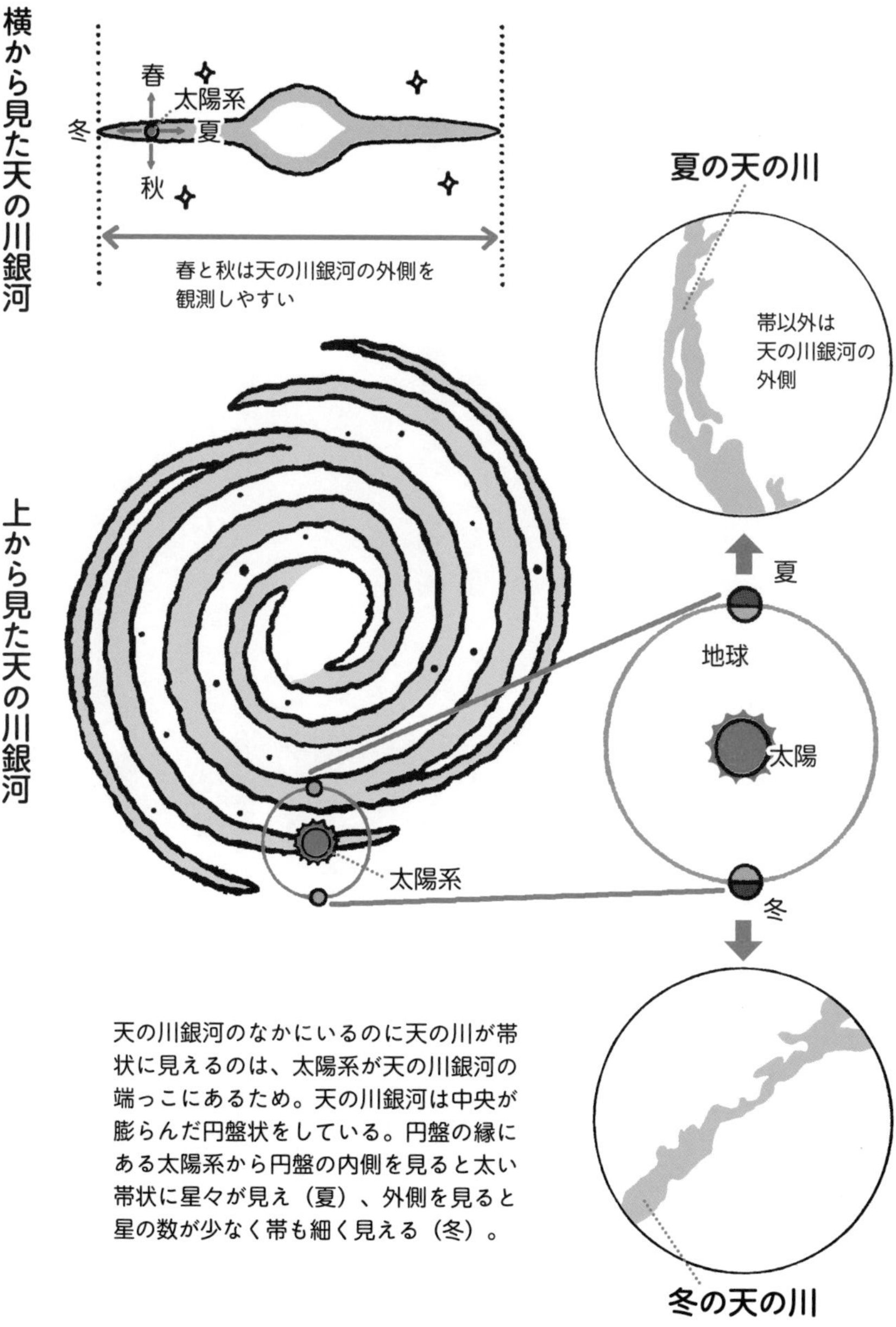

天の川銀河のなかにいるのに天の川が帯状に見えるのは、太陽系が天の川銀河の端っこにあるため。天の川銀河は中央が膨らんだ円盤状をしている。円盤の縁にある太陽系から円盤の内側を見ると太い帯状に星々が見え（夏）、外側を見ると星の数が少なく帯も細く見える（冬）。

46 天の川銀河の近くにはどんな銀河があるの？

▼地球から肉眼で3つの銀河が見える

いまから40億年後、天の川銀河とアンドロメダ銀河が衝突して合体するという話は、第1章でしました（28～29ページ参照）。

では、このアンドロメダ銀河というのは、どんな天体なのでしょうか？

アンドロメダ銀河は天の川銀河とともに局部銀河群を構成していて、天の川銀河のいわば「ご近所さん」といった存在です。

局部銀河群のなかで最大の渦巻銀河で、約1兆個の恒星によって構成され、円盤部分の直径は約20万光年となっています。

秋には、北半球では肉眼でも観察できます。

中心部には、天の川銀河の中心核にあるものより重く巨大なブラックホールがあるといわれています。

また、X線観測によって、中心領域にはほかにも数多くのブラックホールが見つかっています。

地球上から肉眼で観察できる銀河があと2つあります。南半球で見ることのできる、大マゼラン銀河と小マゼラン銀河です。

16世紀、南の空の天の川のそばに雲のように見える天体があることを、航海者マゼランが記録していたことから、こう呼ばれるようになりました。

大マゼラン銀河は16万光年の距離にあり、大きさは天の川銀河の10分の1程度です。小マゼラン銀河は20万光年の距離にあり、大マゼラン銀河よりも小さい銀河です。

また、1970年には、2つの銀河を結んで細長く伸びる「マゼラニック・ストリーム」が発見されました。

これは、中性水素ガスの流れだといわれています。

◎アンドロメダ銀河◎

アンドロメダ銀河は、私たちの局部銀河群のなかでもっとも巨大。

NASA/JPL-Caltech

◎マゼラン銀河◎

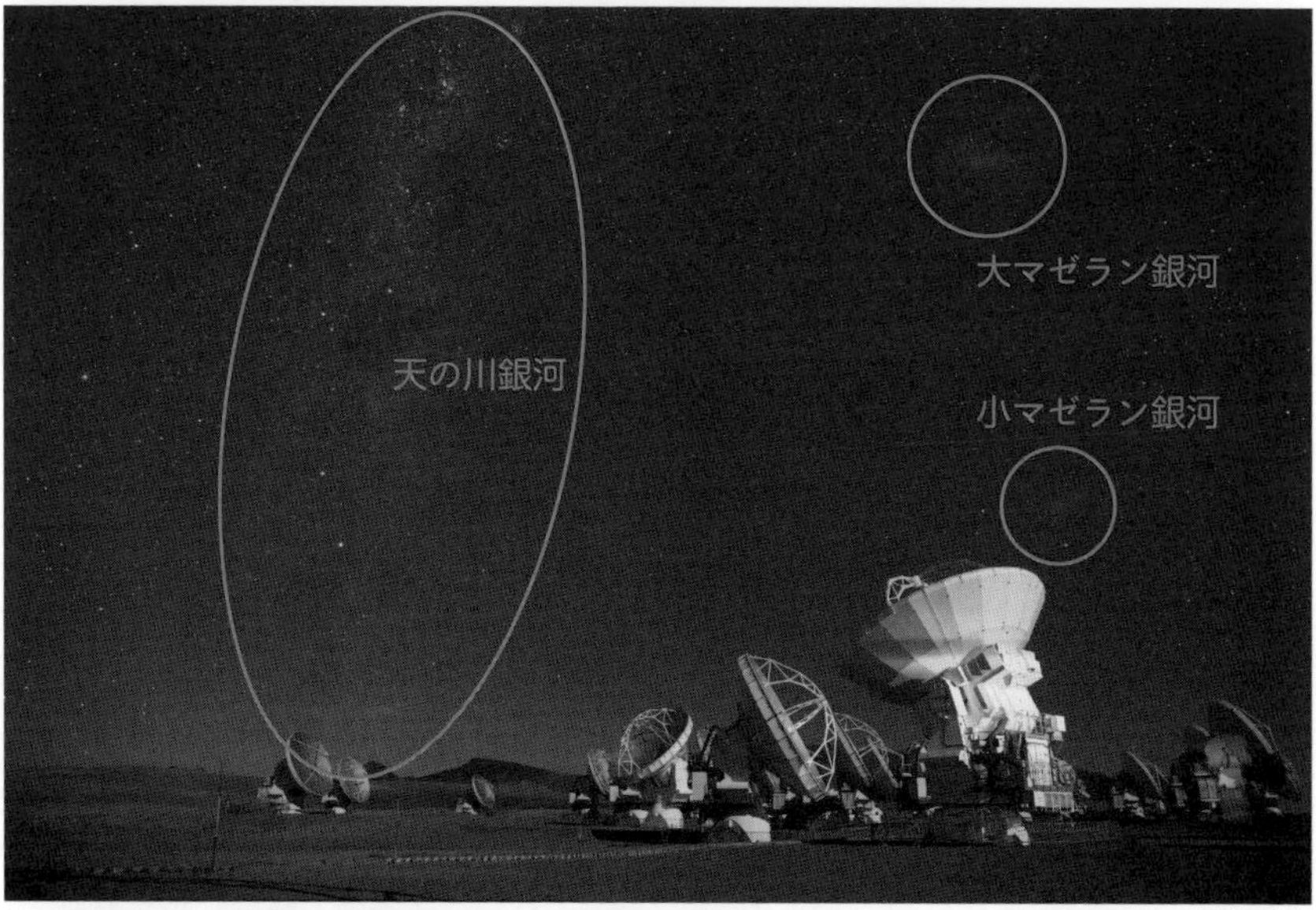

国立天文台

アルマ望遠鏡山頂施設（標高5000メートル）で観測を続けるアンテナたちと、南天を代表する星たちを一緒にとらえた写真。写真右側に見える、ぼんやりとした雲のような天体が天の川銀河のお隣の小さな銀河、大マゼラン銀河（上）と小マゼラン銀河（下）。

47 銀河同士の衝突はありふれたことなの？

▼10〜100億年単位で見ればよくある現象

天の川銀河とアンドロメダ銀河が衝突する――。といっても、これは40億年後の話ではあるのですが、そんなこと信じられないと思われる方も多いのではないでしょうか。

そもそも、銀河同士の衝突はどのようにして起こるのでしょうか？

銀河というと、星が密集しているような印象がありますが、実は密集度は非常に低いことがわかっています。

一方で、銀河と銀河の間隔は意外に近いこともわかっています。

天の川銀河が属する局部銀河群内にある1つの銀河を、仮に直径1センチメートルのボールだとすると、50個近くのボールが10センチメートルから1メートルの距離を置いて集合していることになります。

銀河はお互いの重力の作用で引きあっていますから、10〜100億年単位で見ると、お互いにまったくふれ合わずに移動することは難しいのです。

しかし、銀河同士が高速で衝突したとしても、銀河内はスカスカの状態ですから、破壊的な衝突は起こらないと考えられています。

銀河にはいろいろな形がありますが、楕円や渦巻などの特定できる構造をもたない不規則銀河は、銀河同士の衝突や重力相互作用などによって生まれたものです。

銀河はグループをつくっていることが多く（116〜117ページ）、そんな銀河団の中心部には、巨大な楕円銀河があることがあります。

その楕円銀河こそ、多くの銀河が衝突・合体したものと考えられています。

◎銀河同士の衝突◎

NASA; ESA; Z. Levay and R. van der Marel, STScI; T. Hallas; and A. Mellinger

40億年後には、天の川銀河とアンドロメダ銀河は衝突すると考えられている。しかし、それは突然起こることではなく、数十億年に渡って展開する。この画像は、接近してきたアンドロメダ銀河と天の川銀河のようすが描かれたイメージ図。

㊽ 宇宙のグレートウォールってなに？

▼宇宙にできた「万里の長城」

1989年、ハーバード・スミソニアン天文物理学センターのマーガレット・ゲラーとジョン・ハクラらによって、地球から約2億光年離れたところに、巨大な構造が発見されました。

長さ約5億光年、幅約3億光年の膨大な銀河団からなる「壁」のような構造で、これが「グレートウォール」です。

「万里の長城（The Great Wall of China）」にちなんで、こう呼ばれるようになりました。

しかし、発見されたのがグレートウォールのすべてなのか、全体のごく一部なのか明らかになっていません。天の川銀河が障害になって、完全な姿が観測できないからです。

では、グレートウォールはどうしてできたのでしょうか？

現在では、連続して長く糸状に分布するダークマターにそって銀河が分布するため、このような構造になったのではないかと考えられています。

ダークマターは、重力によって天体を引き寄せます。そのため、長くて薄い、超銀河団の壁をつくっているように見えるというわけです。

ダークマターとは、質量はもっているが、通常の観測手段では検出できない暗黒物質のことで、いまだ正体は不明です。

ダークマターの候補としては、未発見の素粒子などが挙げられています。

遠ざかる天体からくる光のスペクトル線が、波長の長いほう（＝赤いほう）にずれることを「赤方偏移」といいます。

これを応用することで遠方の銀河の距離を正確に観測することができるようになり、グレートウォールも発見できたのです。

◎原始グレートウォールと大きな銀河の想像図◎

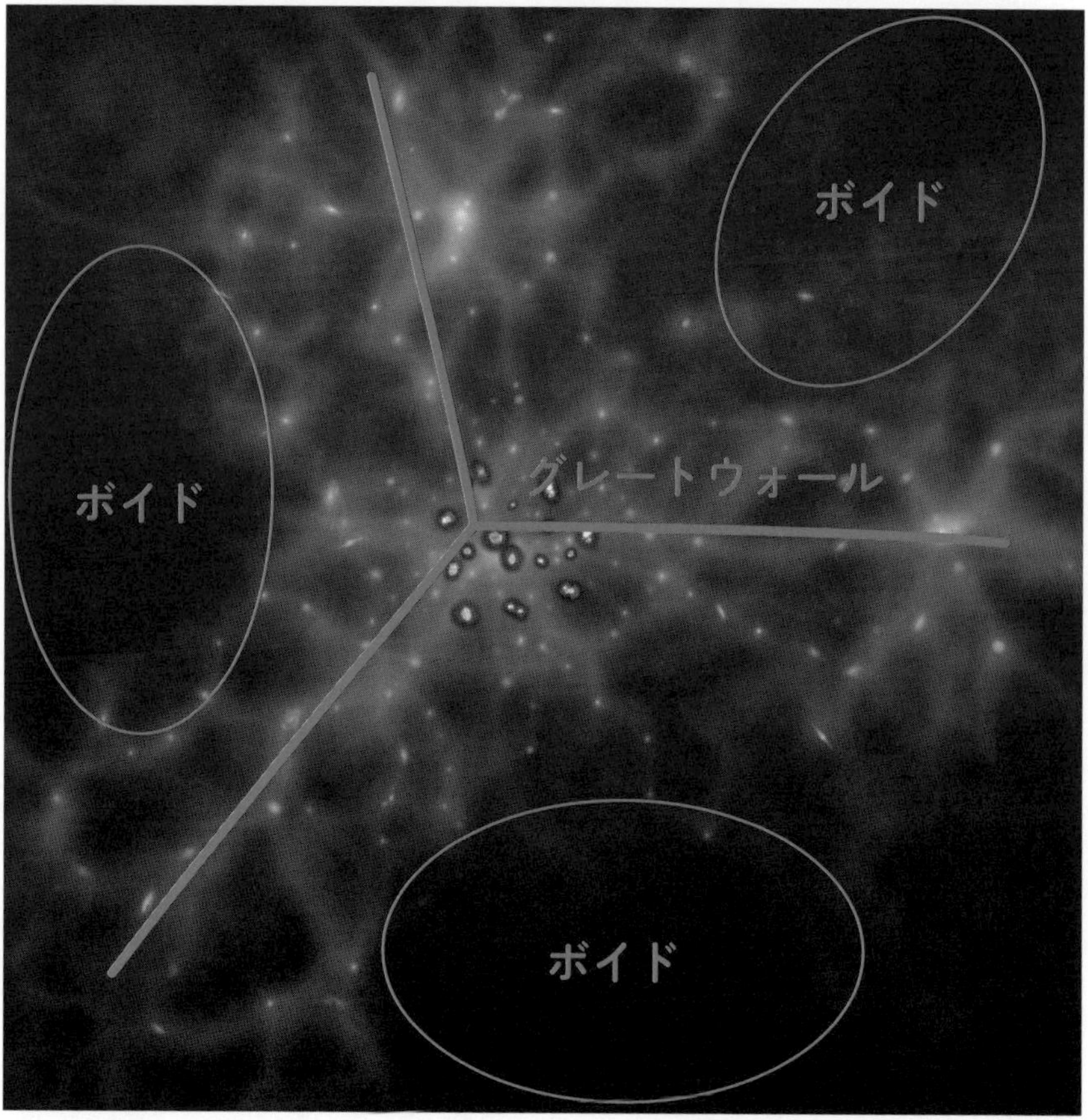

ALMA(ESO/NAOJ/NARAO),NAOJ,H.Umehara

約5億光年にもわたって若い銀河がフィラメント状に分布した大集団「原始グレートウォール」。この中心部で、大きな銀河がいくつも誕生していると考えられる。ボイドとはなにもない超空洞のこと（P126〜127参照）。

49 宇宙はどんな構造になっているの？

▼宇宙は泡構造になっている

銀河は数十個集まって銀河群を形成し、また100個から1000個集まって銀河団を形成しています。

そして、この銀河団が集まって形成しているのが超銀河団という大集団で、これも全宇宙のなかでは集団の一部となっていると考えられます。

では、宇宙全体の構造はどのようになっているのでしょうか？

1980年代。数億光年のかなたには、約2億光年にわたって銀河がまったく観測されない空っぽの空洞が存在することが発見され、その後、同じような空洞がいくつか発見されていきました。

こうした銀河の存在しない巨大空間を「超空洞」、あるいは英語で「ボイド」と呼んでいます。

この発見によって、宇宙では銀河はまんべんなく散らばっていないことが明らかになってきました。

宇宙は、銀河が長い糸状につながった骨組のような「銀河フィラメント」と超空洞が入り組んだ大規模構造だということがわかってきたのです。

これはあたかも、石鹸を泡立てたときにできる、幾重にも重なった泡のような構造に似ています。そして銀河は、泡の表面に集中するように存在しているのです。

これが、「宇宙の大規模構造」、もしくは「宇宙の泡構造」と呼ばれるものです。

このような構造をつくったのもダークマター（128ページ参照）だと考えられています。

ビッグバン直後の宇宙は、熱いガスとダークマターが広がっていました。このときに最初にダークマター同士でかたまりができ、それが大規模構造の基礎になったと考えられるのです。

◎宇宙は泡のような構造になっている◎

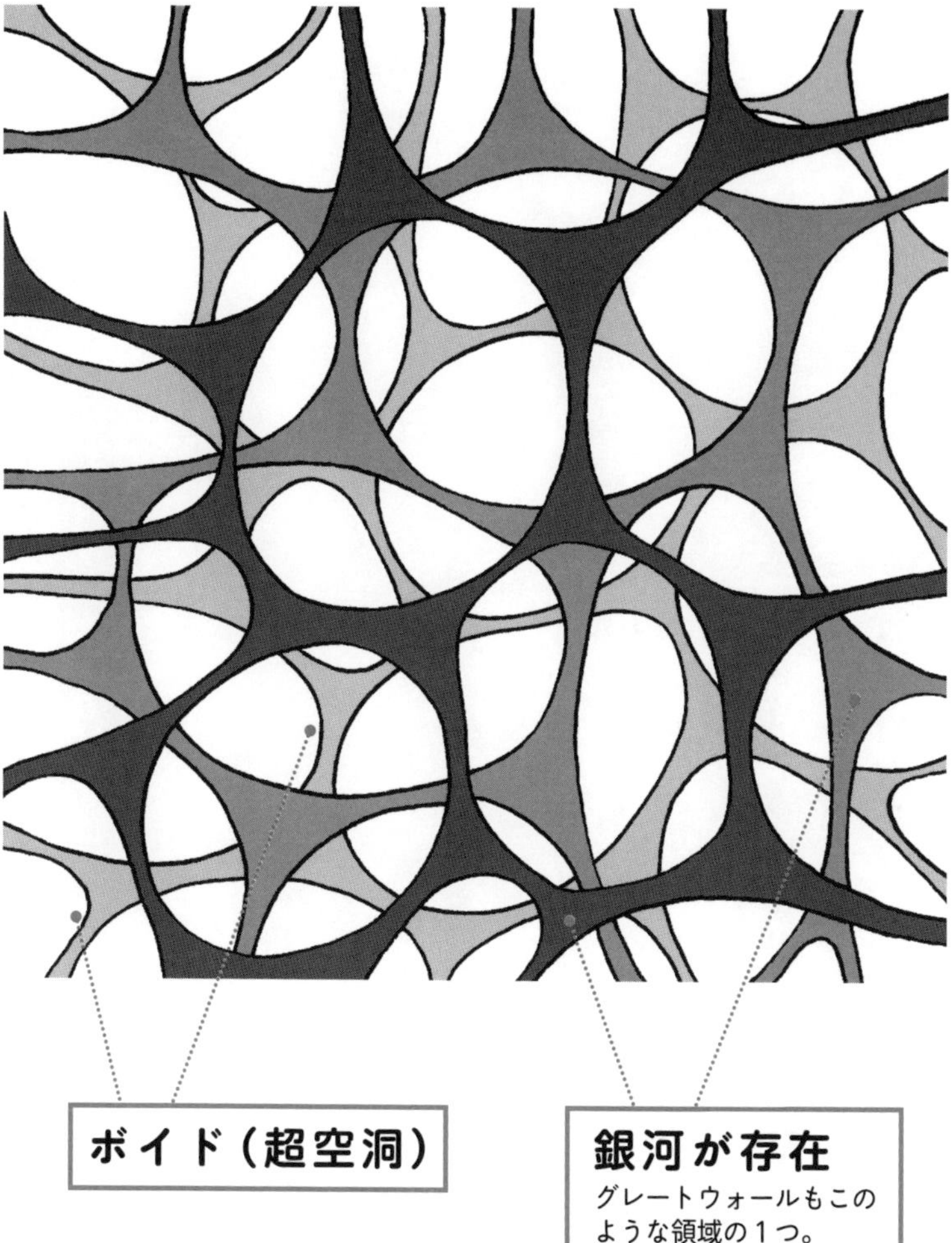

宇宙には銀河が存在しない超空洞（ボイド）が点在し、その間に銀河フィラメントと呼ばれる銀河の帯がつながっている。つまり、宇宙は銀河フィラメントと超空洞とが入り混じった、泡のような構造になっているのだ。

50 宇宙って一体なにでできているの？

▼普通の物質は全体の4％だけで、96％は正体不明の成分

実は、私たちが肉眼や望遠鏡を通して見ている宇宙は、陽子や中性子といった「通常の物質」でできている部分だけなのです。

宇宙には通常の物質のほかに、目に見えない物質や力があると考えられています。

なぜなら宇宙が通常の物質だけで構成されているとしたら、それらの物質の重力だけでは、銀河を高速で回転させ、また個々の銀河を銀河団に引きつけておくことはできないから。

それを明らかにしたのが、アメリカのヴェラ・ルービンです。

1983年のこと。彼女は恒星の公転速度と、その中心からの距離の関係を調べ、あらゆる銀河において恒星の公転速度が速すぎることから、銀河の質量は見かけよりも大きいと発表しました。

つまり、この宇宙には目に見えない物資が大量に存在し、それが宇宙の基本構造を支えているということなのです。

さらに、その量は目に見える物質の5倍以上にもおよぶことがわかりました。

この、質量をもち、周りに重力をおよぼすけれど目には見えない謎の物質を「ダークマター（暗黒物資）」と呼びます。

現在でも電磁波による望遠鏡で直接見ることはできませんが、背景の天体にゆがみを引き起こす重力的な作用から、そこになんらかの巨大な質量があることは間接的にわかっています。

そして2018年、国立天文台の研究者たちが、広い範囲のダークマターの可視化に成功しました。

それによって、ダークマターが網の目のように銀河をつないでいるようすが確認できたのです。

◎宇宙の構成要素◎

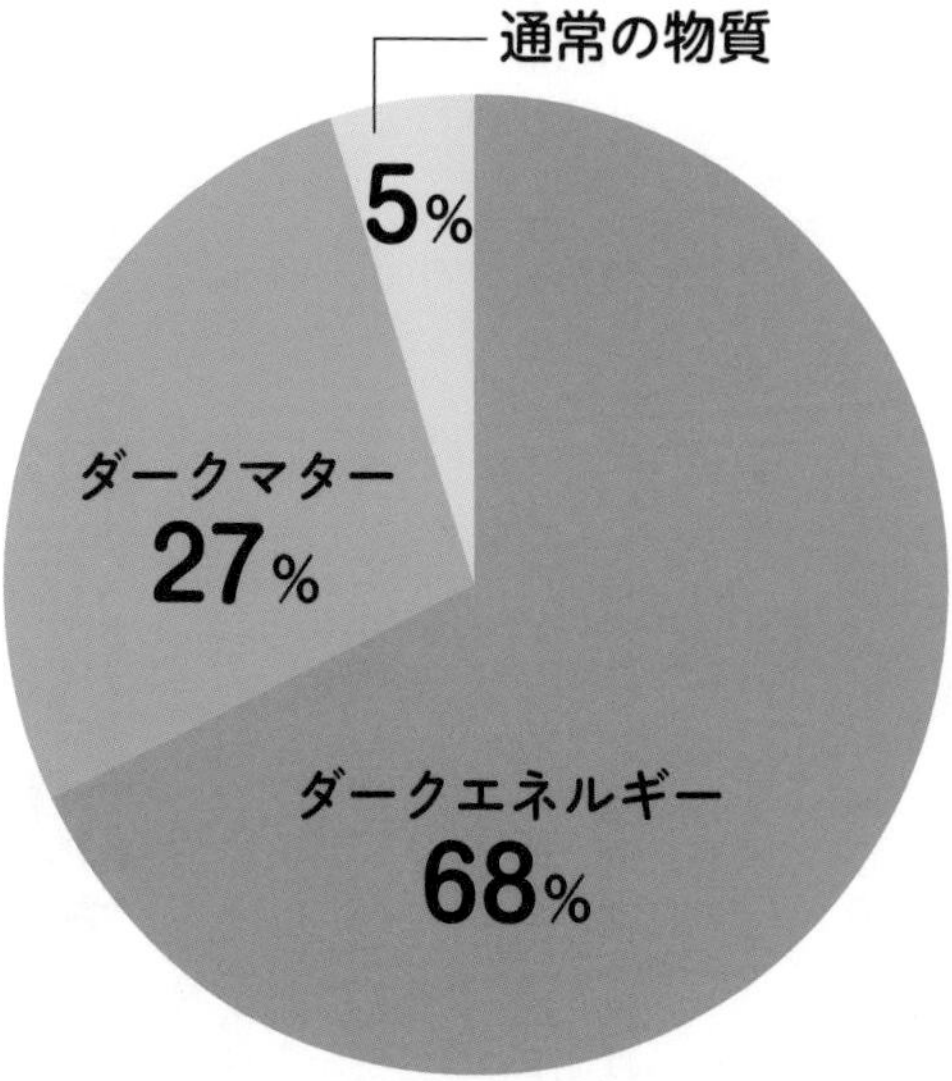

宇宙を構成する要素は、素粒子などの通常の物質以外にダークマターとダークエネルギーがあると考えられている（P130〜131参照）。私たちが見ているものは、宇宙のほんの一部にすぎないことがよくわかる。

◎ダークマターのはたらき◎

●銀河のなかでは

ダークマターが高速で回転する星やガスを引っ張って、速度を調節し、銀河から飛び出さないようにしている。

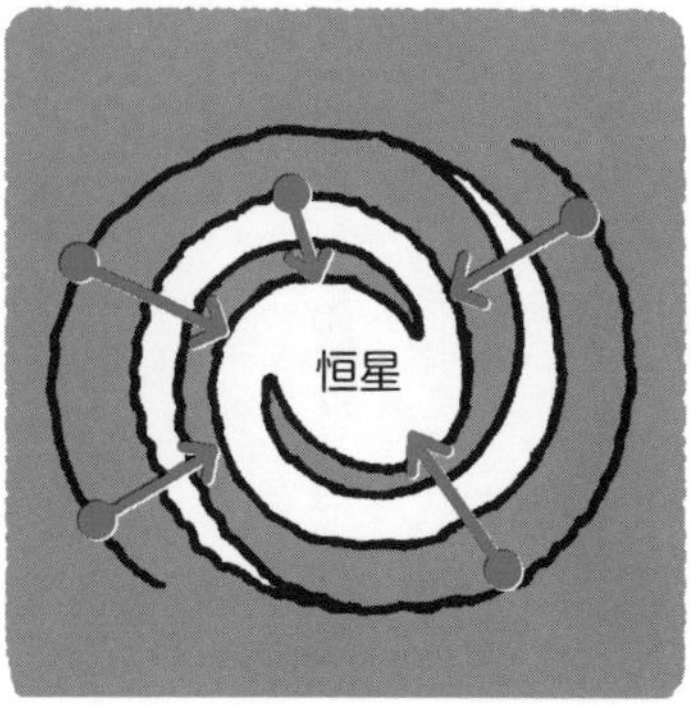

●銀河団のなかでは

ダークマターが重力で動きまわる銀河を引っ張って、飛び出さないようにしている。

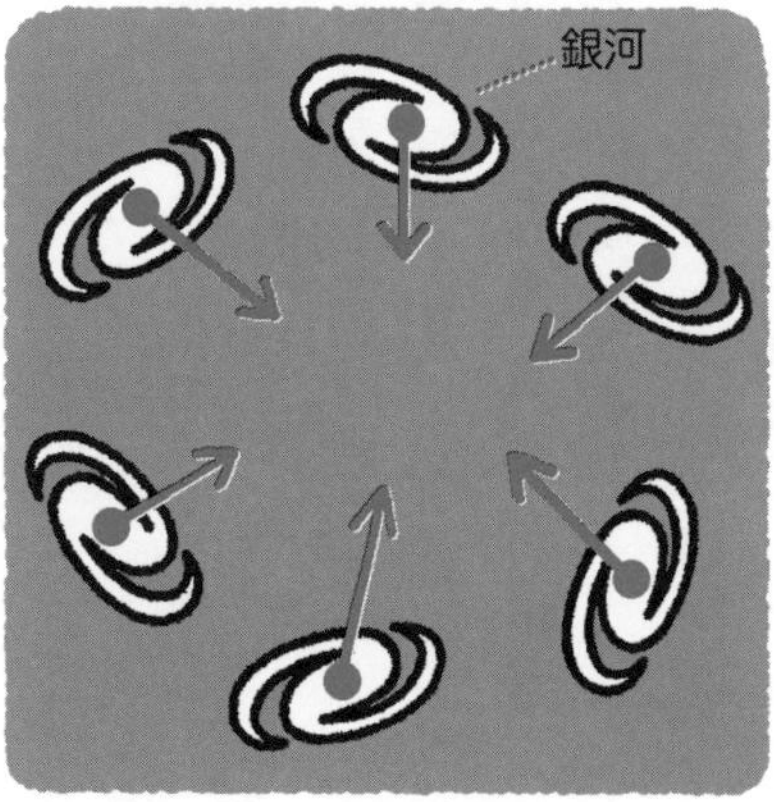

51 宇宙の膨張は加速しているってホント？

▼60億年ほど前から膨張は加速している

宇宙が膨張していることが明らかになったのは、1920年代のことです。

アメリカのカーネギー天文台の研究者、エドウィン・ハッブルは宇宙に存在する銀河が、地球から遠いものほどより大きな速度で遠ざかっていることを発見し、宇宙が膨張していることがわかったのです（ハッブル・ルメートルの法則）。

しかし、その当時は宇宙の膨張は、ビッグバンの勢いで続いているのであって、いずれ膨張のスピードは落ち、やがて収縮していくのではないかと考えられていました。

ところが、1998年。驚くべき発見がありました。**それは宇宙の膨張は遅くなるどころか、加速しているというものでした。**

遠方の銀河のなかにある超新星の明るさを観測したところ、60億年ほど前を境に、それ以前は理論的な予測値よりも明るく、それ以降は暗いことがわかったのです。

予測値よりも暗くなっているということは、星が遠ざかる速度が大きくなっている、すなわち、膨張が加速しているということになるのです。

このように宇宙を膨張させるエネルギーを「ダークエネルギー」と呼んでいます。

ビッグバンのきっかけとなったインフレーションで、宇宙を急膨張させた「真空のエネルギー」と同じものであると考えられています。

さまざまな観測結果から、ダークエネルギーは水素やヘリウムなどの通常の物質の約14倍、ダークマターの約2・5倍存在すると考えられていますが、多くのことはわかっていません。

しかし、このダークエネルギーが膨張する宇宙の未来に関わっていることは間違いありません。

◎膨張を続ける宇宙の未来図◎

●ビッグリップ説

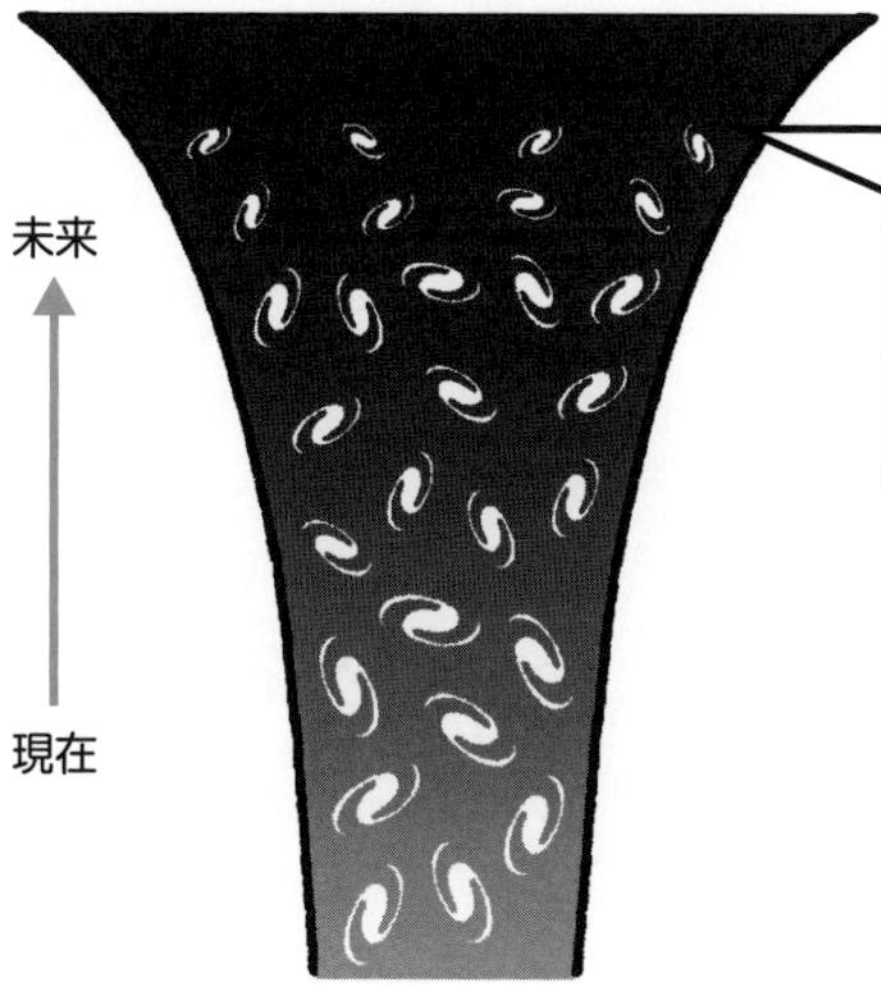

ダークエネルギーの増加で膨張し続け、物質を引き延ばし、引き裂き、最後はなにもなくなる。

宇宙を膨張させるダークエネルギーが増加し重力を上まわれば、その瞬間から宇宙の膨張はより加速していくことに。そして膨張により素粒子レベルまで引き伸ばされ、引き裂かれ、やがて宇宙にはなにもなくなる。

●ビッグクランチ説 （ダークエネルギーの存在を考えない場合）

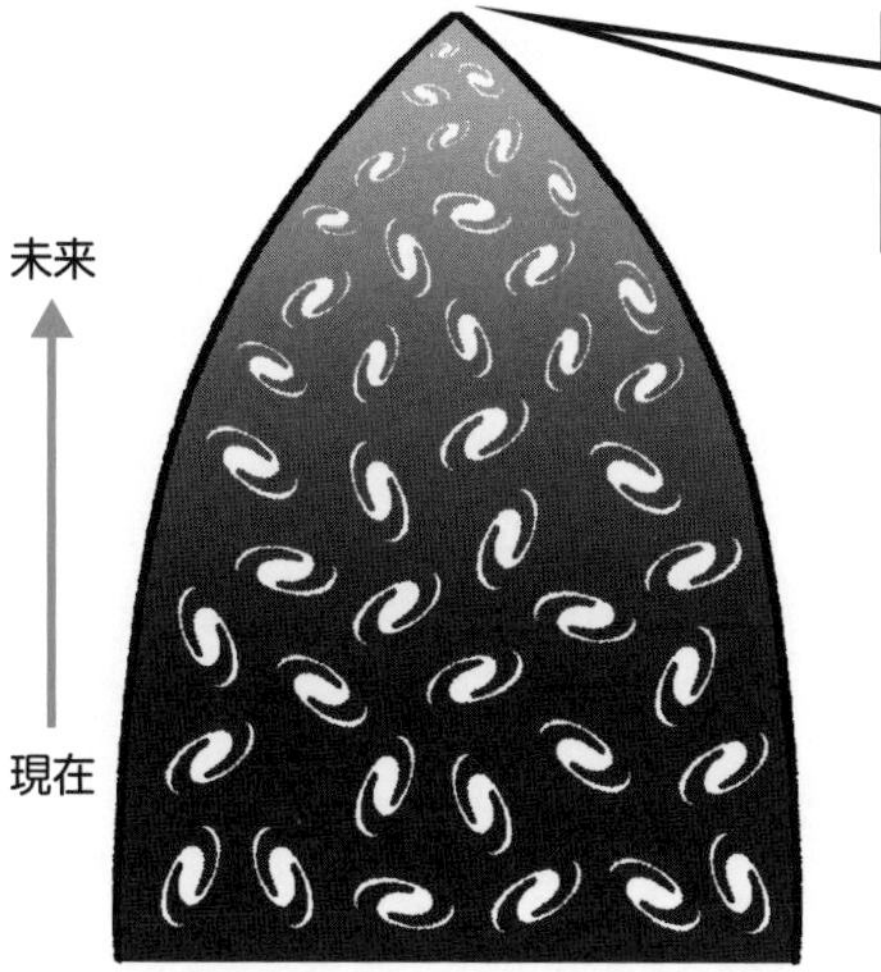

宇宙の重力で収縮し、最後は1点に収束する。

宇宙の物質の密度が高ければ、宇宙の膨張はスピードを落とし、やがて宇宙自身の重力によって収縮がはじまる。そして最終的にはひとつのブラックホールとなる。

52 宇宙全体の謎を解く方程式があるの？

▼アインシュタイン方程式に答えがあった

現在の宇宙論の基礎になっているのが、「相対性理論」です。

1900年代にドイツの物理学者、アルベルト・アインシュタインが提唱した物理の理論です。

これは「物体が同じ速さで動いているならば、止まっているときと同じ物理現象が起こる」という相対性原理を理論化したものです。

アインシュタインは相対性理論で光の速度と時間と空間の関係を解き、また重力によって時空がゆがめられることも実証しました。

簡単にいえば次のようになります。

1 光速よりも速く動けるものはない。
2 光速に近い速さで動くものは、縮んで見える。
3 光速に近い速さで動くものは、時間が遅れる。
4 重いものの周りでは、時間は遅れる。
5 重いものの周りでは、空間が歪《ゆが》む。
6 重さとエネルギーは同じ。

現在の宇宙論はこの理論の上に成り立っているのです。

アインシュタインは相対性理論完成後、「静止宇宙モデル」の方程式を発表しています。

それが「アインシュタイン方程式」です。

これはアインシュタインが信じた「宇宙は止まっていて不変」という説を証明するため、宇宙項というものを加えた式でした。

ところが、1922年、ロシアのフリードマンがアインシュタイン方程式を解き、そこに「宇宙は不変ではない」ことを示す答えが3つあると発表したのです。

皮肉な話ではありますが、はからずもアインシュタイン方程式は、変わり続ける宇宙全体の謎を解く方程式と考えられているのです。

◎アインシュタイン方程式◎

G《ル・ジー》μ《ミュー》ν《ニュー》 $+$ Λ《ル・ラムダ》g《ジー》μ《ミュー》ν《ニュー》 $=$ κ《ル・ケー》T《ティー》μ《ミュー》ν《ニュー》

宇宙項

$\Lambda g_{\mu\nu}$は、宇宙が自分の重力で1点に収縮しないよう、互いを離すように作用する力（斥力）を表す宇宙項。アインシュタインが「宇宙は静止している」ことを証明するために加え、補正した。しかし、ダークエネルギーの存在がわかった現在では、宇宙に作用する未知のエネルギーを表す項として、見直されている。

◎フリードマンの宇宙の3つのモデル◎

❶ 閉じた宇宙

宇宙に存在する物質の密度が高く、重力が膨張する力を上まわった場合、膨張速度は遅くなって、最終的に収縮する（ビッグクランチ説・P131）。

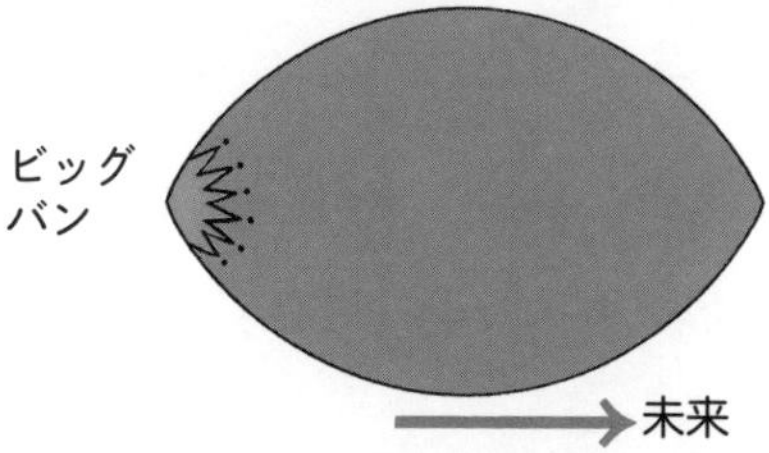

❷ 平らな宇宙

宇宙に存在する物質の密度が膨張する力と同じくらいだった場合、膨張は止まらず、宇宙は永遠に膨張し続ける。

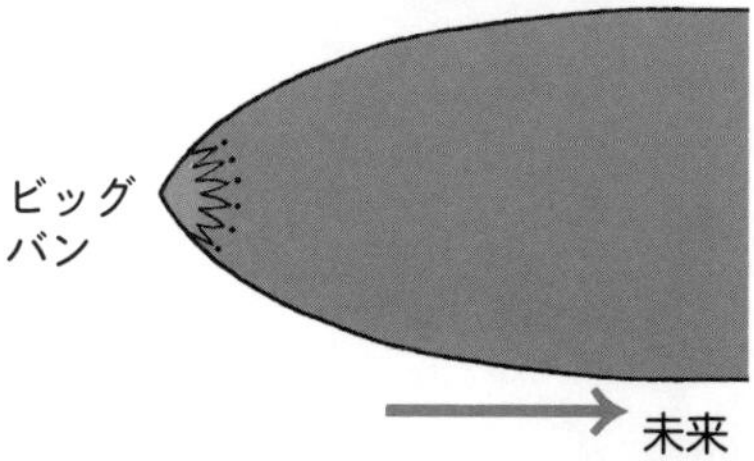

❸ 開いた宇宙

宇宙に存在する物質の密度が低く、膨張する力のほうが強い場合、宇宙は無限に膨張し続ける（閉じた宇宙の逆）。

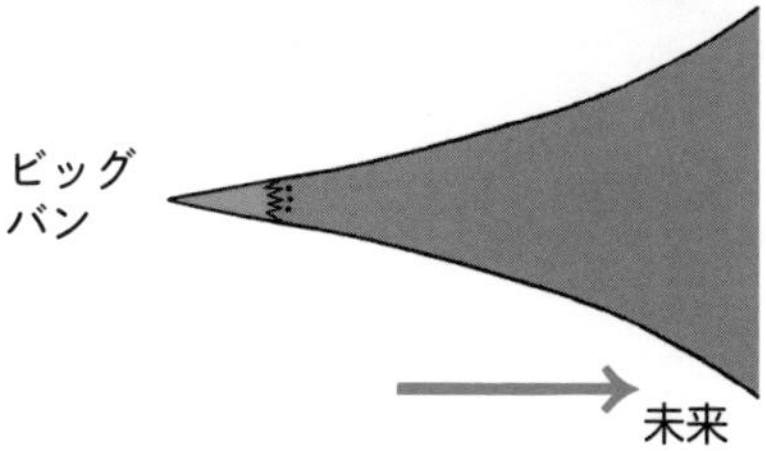

53 ビッグバンはどうして起こったの？

▼エネルギーの超膨張がきっかけ

138億年前。この宇宙は「無」から生まれた1点が膨張してできたと考えられています。

「無」には、「真空エネルギー」という巨大なエネルギーがつまっていました。これは、いまでも宇宙を膨張させ続けているダークエネルギーと同じものだと考えられています。

真空エネルギーは、「相転移《そうてんい》」という現象によって解放され、宇宙の膨張が起こりました。

相転移を簡単に説明すると、物質が気体→液体→固体のように変わっていくことです。

水でたとえると、水蒸気が水に変わるとき、水蒸気の熱が奪われ水になります。奪われた熱は放出されます。これがエネルギーです。

つまり相転移はエネルギーを生むということ。

宇宙も、真空エネルギーが相転移によって大量のエネルギーを放出し、急激に膨張しました。

これを「インフレーション」と呼びます。

インフレーションは最初の1点からビッグバンまでの10のマイナス44乗秒の間に起こりました。これは、わずか1秒の1000兆分の1の1000兆分の1の1万分の1の1の間のことです。

この一瞬で、ウイルスが銀河団以上の大きさになるほどの急激な膨張が起ったのです。

インフレーションがおさまると、その際に放出された熱によって宇宙は加熱され、巨大な火の玉のようになったと考えられます。

これが「ビッグバン」です。

巨大な火の玉は膨張を続け、やがてゆっくりと冷えていき、クォーク、電子、ニュートリノ、光子などの素粒子ができていったのです。

つまり、ビッグバンを起こしたのはインフレーションという急膨張だったのです。

◎最新の宇宙背景放射観測衛星がとらえたビッグバンの光◎

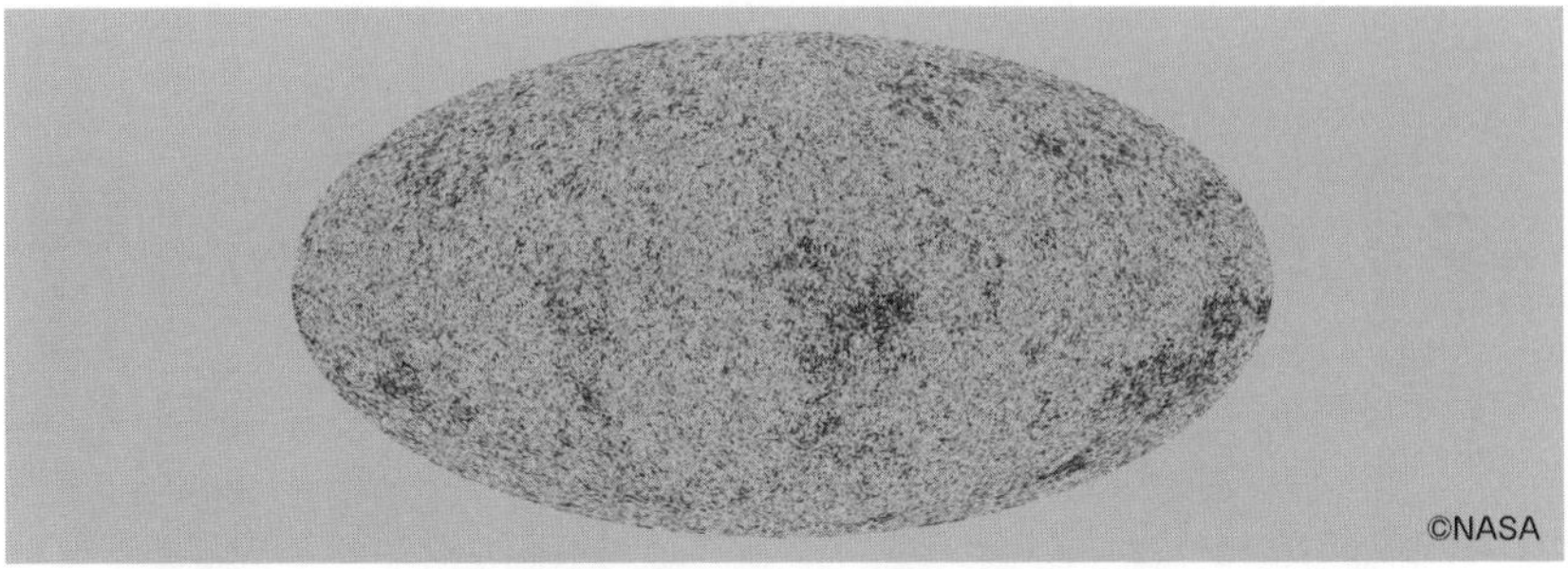

この画像は、ESA（欧州宇宙機関）が打ち上げた衛星プランクの高性能の宇宙望遠鏡によって撮影された、138億年前に起こったビッグバンから残った光。ビッグバンから約30万年たった「宇宙の晴れ上がり」（P6参照）のころの、かすかな「ゆらぎ」を捉えたもの。

◎進化する宇宙背景放射観測衛星◎

下の画像は、宇宙背景放射観測を任務として打ち上げられた衛星の画像の進化を比べたもの。

©NASA

COBE

NASAによって1989年に打ち上げられた。目的は宇宙マイクロ波背景放射(CMB)を観測することだった。画像レベルが低いのがわかる。

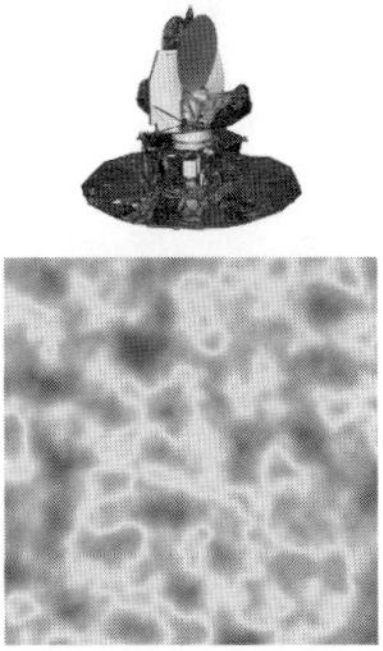

WMAP

NASAによって2001年に打ち上げられたCOBEの後継機。ビッグバンの名残の熱放射である宇宙マイクロ波背景放射(CMB)の温度を全天にわたって観測することが目的。2010年に観測終了。

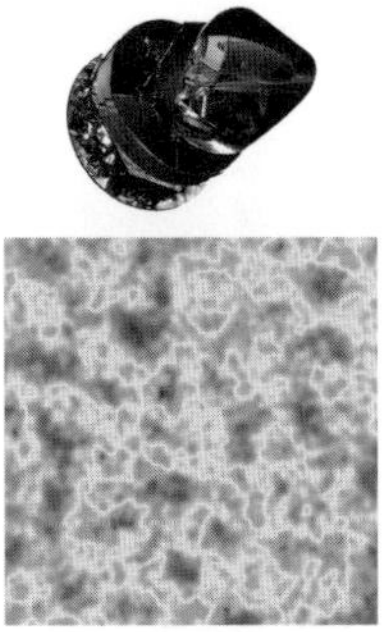

Planck

ESA（欧州宇宙機関）が2009年に打ち上げた衛星。2013年3月21日に、全天の宇宙背景放射マップが公開された（上の画像）。NASAのWMAPが観測したデータよりも高精度な宇宙背景放射マップが完成し、これによって宇宙の年齢も約138億年であることが確認された。

＊宇宙背景放射……宇宙にはビックバン起源の放射である宇宙マイクロ波背景放射（CMB）や別の起源による背景放射がさまざまな波長域で検出されている。これの総称。

54 宇宙はいくつもあるの？

▼異次元空間に無限に存在する？

インフレーションとビッグバンによってこの宇宙が誕生した、とお話ししましたが、ここに注目すべき仮説があります。

それは「マルチバース（多重宇宙）理論」です。

インフレーション理論を最初に提唱した東京大学の佐藤勝彦名誉教授が提唱している理論です。

宇宙は真空エネルギーが相転移して（インフレーション）、ビッグバンを経て形ができました。

しかし、相転移は同時に起こるものではありません。必ず局所的にはじまるものです。

たとえば水が凍るとき、一瞬で全体が凍るわけではありません。一部分から凍りはじめますよね。

これと同じで、宇宙においても相転移は一斉ではなく、局所的にはじまったはずです。

つまり、相転移が終わったところと、まだ相転移の途中のところが混在していたと考えられます。

相転移が終わった空間では、膨張がはじまります。するとその空間の一部である相転移途中の空間は膨張から取り残されます。

しかし、相転移途中の空間の内側ではインフレーションによる急激な膨張が起きているはず。

膨張の速度が遅い空間でも、内側は急膨張している。そんなことがあり得るのでしょうか。

実はこのときに、アインシュタインの相対性理論から導き出される「ワームホール（時空のある1点とほかを結ぶ空間領域）」ができているというのです。つまり異次元空間です。

最初にインフレーションが起きた宇宙が母宇宙。そのなかでワームホールに子宇宙ができ、そのなかに孫宇宙ができる……。こうして宇宙の多重発生が起き、宇宙は無限に存在することになるのです。

◎マルチバースのイメージ図◎

相転移による多重発生によって、無限に宇宙は生まれている。しかし、ワームホールのなかにできた子宇宙と母宇宙は、ワームホールが途中で切れてしまうため、因果関係がない。つまりお互いの存在すらわからない、まったく別の宇宙ということになる。

宇宙Column

ブラックホールの影の撮影はなぜできた？

ブラックホールは太陽の30倍以上の質量をもつ巨大な星が一生を終え、超新星爆発を起こし、その後、重力崩壊という現象によって縮小した結果できると考えられています（114ページ参照）。しかし、宇宙にはもっと巨大なブラックホールがあります。

大きさにかかわらず、その莫大な重力からあらゆるものを引き寄せ、吸い込んでしまうのです。宇宙でいちばん速い光でさえも吸い込まれてしまいます。そのため、ブラックホールを見ようと思っても、光が地球にまで届かないため、見ることができませんでした。

ところが、2019年、史上初、ブラックホールの影の撮影に成功したのです。

これによってブラックホールの存在がはっきりと証明されたことになったのです。

ブラックホールの影の撮影は、ブラックホールの周りにあって、ブラックホールの重力で曲げられた光を利用することで実現しました。

しかし、ブラックホールの影を撮影するには、地球から月面上の野球のボールが観測できるくらいの高性能な望遠鏡が必要になります。

そこで、2012年に「イベントホライズンテレスコープ（EHT）」という国際協力プロジェ

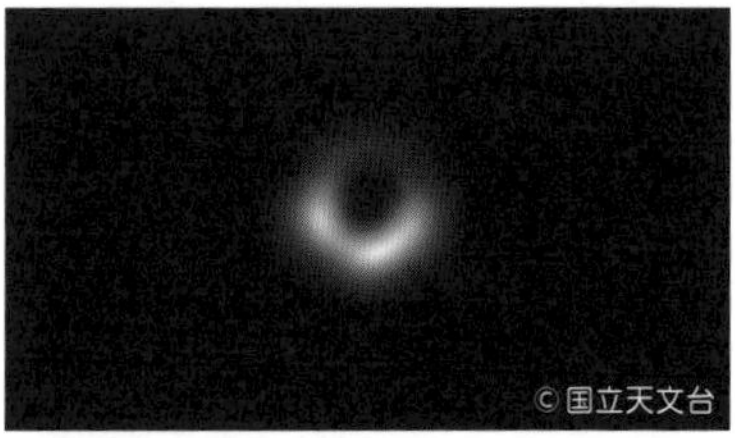

2019年、イベント・ホライズン・テレスコープ(EHT)で撮影された、銀河M87中心の巨大ブラックホールの影。

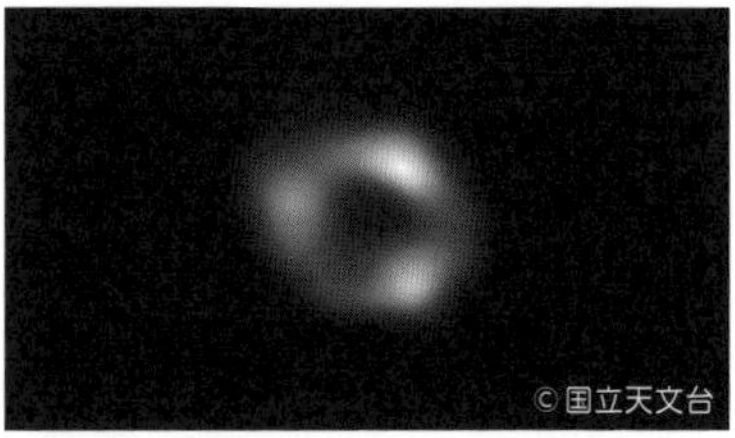

2022年、史上初の天の川銀河中心にあるいて座A*のブラックホールの影。

クトが、日本の国立天文台を含むアジア、ヨーロッパ、アフリカ、北米、南米の13の研究機関と約200名の研究者によって発足しました。

　このプロジェクトでは、日本の国立天文台などが運用するチリのアルマ望遠鏡をはじめ、ハワイ、南極など、世界の6カ所にある8つの望遠鏡をつなぎ、その観測データを組み合わせて分析するという壮大な観測計画を立てました。

　2017年4月、計画に従って地球から約5500万光年離れたおとめ座のM87銀河の巨大ブラックホールと思われる天体を、世界中に散らばった8つの望遠鏡で同時に5日間観測しました。

　そして、それらの望遠鏡から集められた高解像度の膨大なデータから画像を作成し分析したのです。

　その結果、2019年におとめ座銀河団にあるM87ブラックホールの影の撮影に成功したのです。

　そのブラックホールの質量は、太陽の約65億倍という巨大なもので、リングの直径は約1000億キロメートルもありました。

　さらに、2022年5月には、私たちが住む太陽系がある天の川銀河の中心にあるブラックホールの影の撮影にも成功したのです。

　撮影した画像では、ブラックホールの漆黒の闇は、その周辺のリング状に輝く光のなかに影のように黒く見えています。

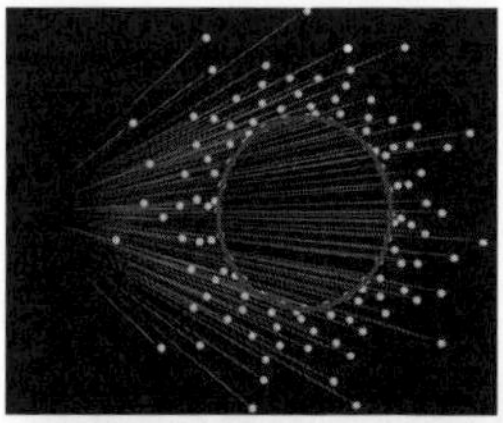

地球に向かってくるブラックホール光の経路を斜めから見た図。内側の光がやってこない部分がブラックホールの影。

©Nicolle R. FullerNSF、EHT Collaboration

2017年、銀河M87のブラックホール観測時のEHT望遠鏡配置図。　©NRAO/AUI/NSF

星々との暮らし⑤

月とお祭り

日本では、『竹取物語』で表されるように、月は超人の暮らす理想の世界として信仰や風流の対象としてみられてきました。

いまでも太陰太陽暦の8月15日の夜に見える「中秋の名月」のお月見が行事として行われますが、この習慣は平安時代に中国から伝わり、平安貴族は観月の宴として、十五夜のときには雅楽の演奏や舞を踊り、お月見をお祭りとして楽しんでいました。

京都では、嵯峨《さが》天皇が文化人、貴族らと月見の船遊びをした当時を偲び、毎年、嵯峨天皇の離宮であった大覚寺の大沢池で中秋の名月のころ、龍頭鷁首《りょうとうげきしゅのふね》舟を浮かべて「観月の夕べ」を催しています。優雅で上品なお祭りのようすを映像で見たことのある方も多いかもしれません。

お月見とはもとは庶民には縁遠い、貴族のお祭りでしたが、やがて、庶民の間にも広がりました。

東アジアでは、この旧暦の8月15日に、サトイモの収穫祭を行う地域が多く、日本でもこの日にサトイモを食べる習慣があったこともあって、中秋の名月のお供えには、サトイモのお団子とススキの穂などを供し、神様に収穫を感謝するようになったといわれています。中秋の名月が別名「芋名月」といわれるのもそのためです。

中秋の名月の1カ月後、太陰太陽暦の9月13日を「十三夜」と呼び、日本では、その夜にもお月見をする習慣があります。こちらは中秋の名月の「後の月」や、その時期に収穫される栗や豆にちなみ「栗名月」「豆名月」と呼ばれたりします。

第6章
星座の世界

55 星座は誰が決めたの?

▼紀元前2世紀のプトレマイオスの星座が元

星座の起源は約5000年前の古代メソポタミア文明にさかのぼります。

星の位置は時刻や季節の移り変わりを知らせる目印。それを次の世代に伝えるため、星の位置をつないで動物や道具、人物にイメージを膨らませ、星座をつくったといわれています。

いまの星座の原形がつくられたのは、メソポタミアから伝えられた古代ギリシャ時代。星座とギリシャ神話が結びつき、紀元前8世紀のホメロスの『オデュッセイア』や『イリアス』にはすでに、「おおぐま座」や「オリオン座」などの星座が登場しています。

紀元前2世紀ごろに活躍した天文学者、クラウディオス・プトレマイオスが、人々が語り継いできた星座を整理し48個に決め、天文学書「アルマゲスト」に記しました。この**「トレミー(プトレマイオス)の48星座」が、現在の星座のもと**です。

しかし、当時のヨーロッパ人には南半球の星は未知のものだったため、16世紀の大航海時代以降、星座数は増えていきました。同時に、天文学者の個人的な理由や当時の世界の権力者が勝手に星座を制定し星座が乱立してしまいました。

たとえば、フランスの天文学者ラランドは愛猫のために「ねこ座」を、イギリスの天文学者ハレーは、イギリス国王チャールズをほめたたえる「チャールズのかしのき座」という星座をつくりました。

1928年、**国際天文学連合が正式に星座を88個に整理**。消えた星座のなかには、ラランドが観測に使っていた道具にちなんだ「壁面四分儀座」のように、星座はなくなっても「しぶんぎ座流星群」として名だけが残っているものもあります。

◎国際天文学連合が定めた「88星座」◎

アンドロメダ座	カメレオン座	しし座	ペルセウス座
いっかくじゅう座	からす座	じょうぎ座	ほ座
いて座	かんむり座	たて座	ぼうえんきょう座
いるか座	きょしちょう座	ちょうこくぐ座	ほうおう座
インディアン座	ぎょしゃ座	ちょうこくしつ座	ポンプ座
うお座	きりん座	つる座	みずがめ座
うさぎ座	くじゃく座	テーブルさん座	みずへび座
うしかい座	くじら座	てんびん座	みなみじゅうじ座
うみへび座	ケフェウス座	とかげ座	みなみのうお座
エリダヌス座	ケンタウロス座	とけい座	みなみのかんむり座
おうし座	けんびきょう座	とびうお座	みなみのさんかく座
おおいぬ座	こいぬ座	とも座	や座
おおかみ座	こうま座	はえ座	やぎ座
おおぐま座	こぎつね座	はくちょう座	やまねこ座
おとめ座	こぐま座	はちぶんぎ座	らしんばん座
おひつじ座	こじし座	はと座	りゅう座
オリオン座	コップ座	ふうちょう座	りゅうこつ座
がか座	こと座	ふたご座	りょうけん座
カシオペア座	コンパス座	ペガスス座	レチクル座
かじき座	さいだん座	へび座	ろ座
かに座	さそり座	へびつかい座	ろくぶんぎ座
かみのけ座	さんかく座	ヘルクレス座	わし座

このなかには日本では見ることができない星座もある（P151参照）。

※五十音順

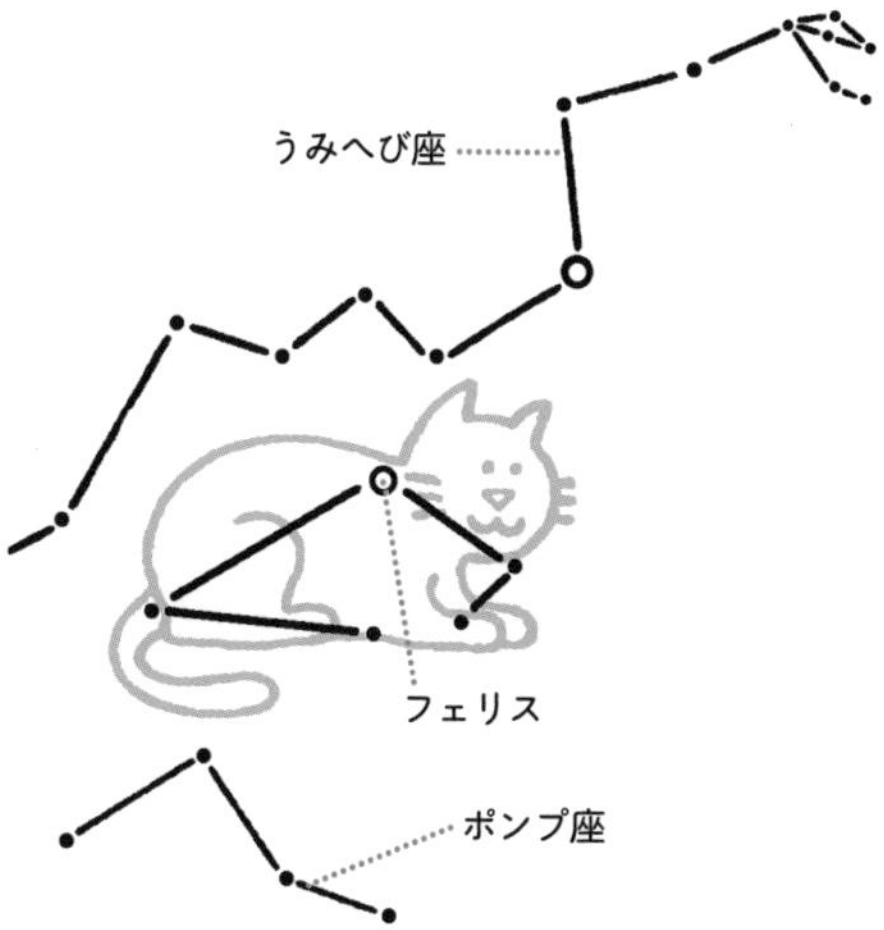

ラランドの「ねこ座」とは

フランスの天文学者ラランドが1799年に提案した「ねこ座」は、うみへび座とポンプ座の間にあった。1922年の国際天文学連合で星座を決めた際、ねこ座はうみへび座の一部とされたが、2018年、恒星の名称を決める会議において、ラランドの「ねこ座」のいちばん明るい星に「フェリス（Felis）」という名前がついた。フェリスは、ねこ座の学名で、ラテン語の「ねこ」を意味していて、ねこ座は消えたが名前は残った。

56 星座の見つけ方がわからない？

▼晴れた広くて周りの暗い場所で観察する！

星座を見つけようと夜空を見上げてもよくわからなかった……という残念な話をよく聞きます。

星座はいくつかの星をつないだもので、それぞれの星と地球との距離はさまざまです。たとえば、オリオン座の真ん中の3つの星は横に並んで見えますが、それぞれ、地球からの距離は異なります。

また、星座をつくる星の明るさもまちまちです。ですから、**遠くの星や暗めの星でもきれいに見える状況下で観察しないとお目当ての星座は見つけにくくなる**のです。

星を観察するには周りに明かりがなく、周囲より高く、開けた場所がいちばんですが、街中で星を見たいときには、公園やグラウンド、河川敷、橋の上など、まわりに明かりがなく、空が開けているところなら多少は見やすいでしょう。

さらに、天気も重要です。

日本気象協会では、天気や月の満ち欠けを計算し、その日の夜空が天体観測に適しているかを表す星空指数を発表していますので、これを参考にするのもよいでしょう。季節は夏よりも、乾燥した冬のほうがよく見えます。

星空がきれいに見える条件を整えたら、方角を把握します。**今の季節なら、どの方角にどんな星座が見えるのかあらかじめ調べておきましょう。**

そのうえで、見つけやすい星や星座を目印にして探してみるのが見つけやすい方法です。

北斗七星（春）、さそり座（夏）、カシオペヤ座（秋）、オリオン座（冬）など、季節ごとに見つけやすい星座があるので、それを中心に星座を探します（146ページ参照）。北斗七星とカシオペヤ座は一年中見ることができます。

◎星空観察のコツ◎

星空観察にはいくつかのコツがある。いちばんのコツは、頻繁に星空を眺めることだ。いつも同じ時間に星空を眺め、決まった星、または星座を観察すると、星がどのように移動しているかがわかる。そのほかにもいくつかポイントがあるので、押さえておこう。

1.観察場所とタイミングを選ぶ

・街の明かりがない場所
・湿気の多い海辺より空気が澄んでいる山
・ほの暗い新月の時季
・観察準備もあるので日が沈む前には到着する

2.観察するときのコツ

・暗闇に目を慣らすために10分間程度じっとしている
・じっくりと楽に観察できるようサマーベッドやシートを用意
・防寒、防虫対策を
・見ている星がどんな星かすぐ調べられるように星座早見盤などのアプリを用意する

【用意するもの】

・コンパス　・懐中電灯　・筆記用具　・時計
・双眼鏡（あったらよいもの）
・その他（おやつや飲み物など）

57 季節によって見えやすい星座は違う?

▼場所や時間、季節により位置が変わります

夜空に見える星の位置は季節によって変わってきます。ですから、星座の観測をするときには、季節ごとに見えやすい星や星座をまず見つけ、その星座を中心にほかの星座を探していくのがコツだと前の項でお話ししました。

春に見つけやすい星座には北斗七星があります。ひしゃくのように見える七つの星から成る北斗七星は、星座ではなく、おおぐま座のおしりからしっぽの部分です。

私たちにもなじみ深い北斗七星ですが、それは位置を変えながらも一年中見ることができるからでしょう。そして、年間を通して特によく見えるのが春なのです。

夏に見えやすい基本の星座はさそり座です。

また、8月の21時ごろ、南を向いて見上げた真上でいちばん明るい星、こと座のベガ、そこから視線をおろしたところにあるわし座のアルタイル、はくちょう座のデネブの3つの明るい星を結んだ**「夏の大三角形」は、さまざまな夏の星座を探す手がかり**になります。

秋の星空の目印は、ペガスス座の胴体「秋の四辺形」。これを見つけたら、たとえば四辺形から東の方角にうお座やおひつじ座を探すというようにしていきます。

冬の手がかりは代表的な冬の星座オリオン座や、オリオン座のベテルギウス、こいぬ座のプロキオン、おおいぬ座のシリウスを結んだ三角形「冬の大三角」です。冬はこれを基準に観測していきます。

星は毎日動いています。目印にする星座も季節によって少しずつ動いています。夏の大三角と秋の四辺形が同じ空に見える時季もあります。

◎季節ごとの空のランドマーク◎

季節によって見つけやすい星座は異なります。目当ての星座を探し出すには、季節ごとのランドマークを押さえておくと、それをたどっていけば見つけることができます。ここでは、春夏秋冬、それぞれの代表的なランドマークを紹介します。まずはこのランドマークを見つけることからはじめるといいでしょう。

春の大曲線・春の大三角

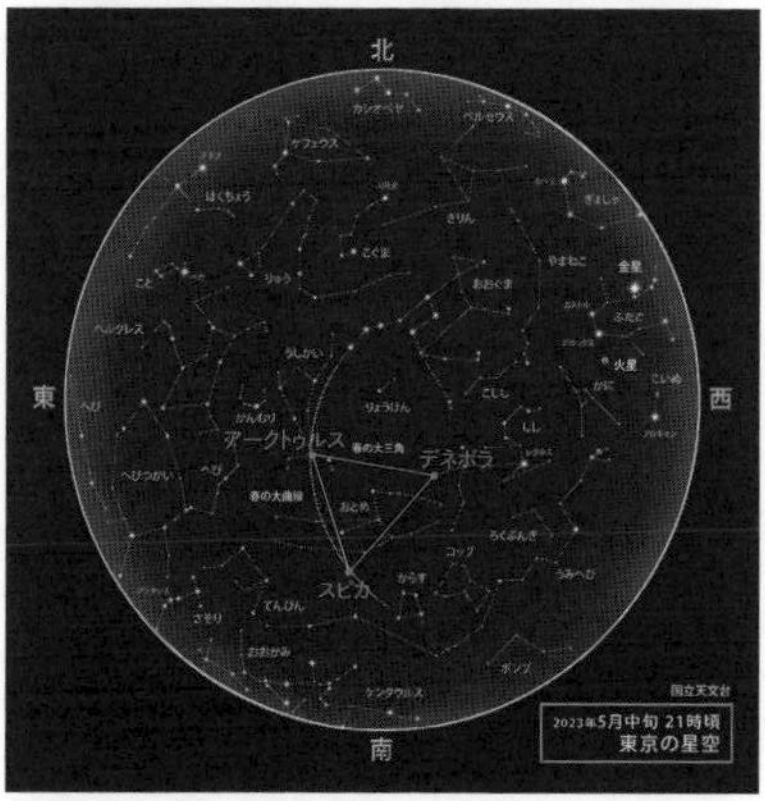

●春の大三角　うしかい座の1等星のアークトゥルスとおとめ座の1等星スピカ、しし座の2等星デネボラを結んでできる三角形。●春の大曲線　北斗七星の持ち手部分の一番はじの星からうしかい座のアークトゥルスを通っておとめ座のスピカをつないだ曲線。どちらも3月中旬から6月上旬に南東から南西の空で見ることができる。

夏の大三角

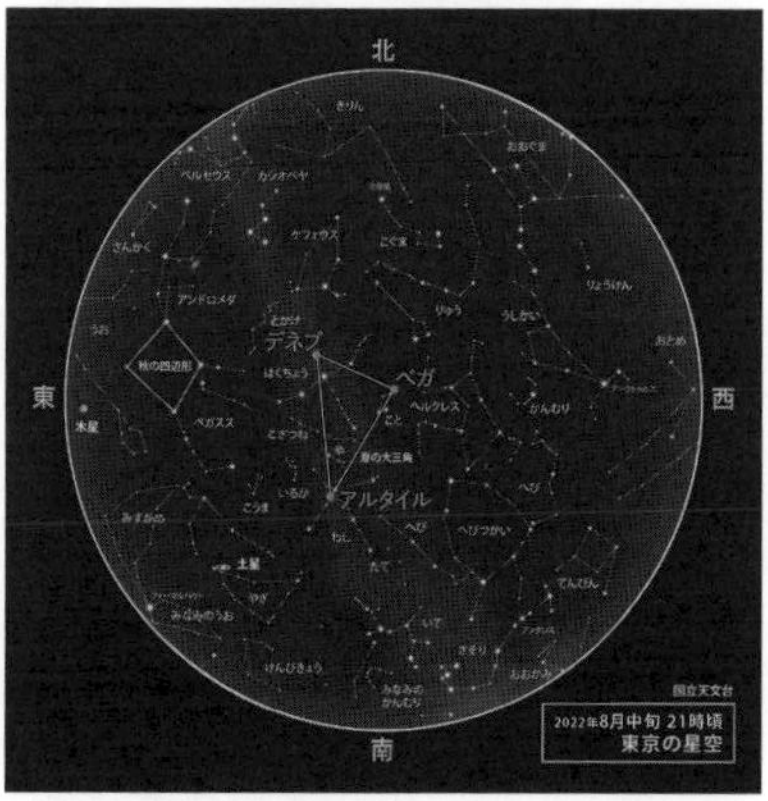

はくちょう座の1等星デネブとわし座の1等星アルタイル、こと座の1等星ベガを結んでできる三角形のこと。7月から9月にかけて東の空から天頂付近で見つけることができる。

秋の四辺形

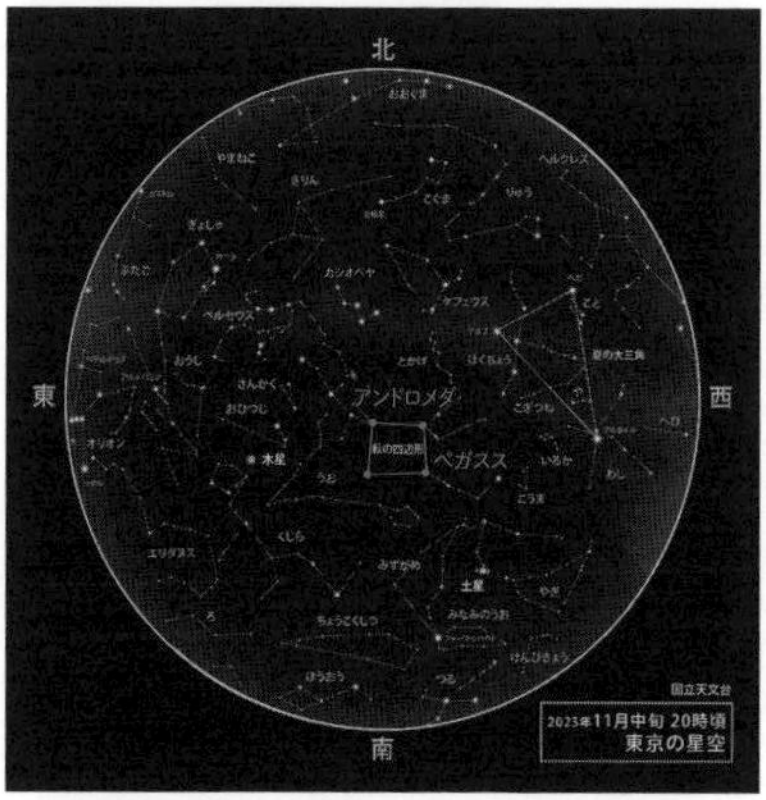

アンドロメダ座の2等星アルフェラッツとペガスス座の胴体をつくるシェアト、アルゲニブ、マルカブの4つの星を結んでできる四角形。「秋の大四辺形」とも呼ばれる。9月から11月に天頂付近で見ることができる。

冬の大三角

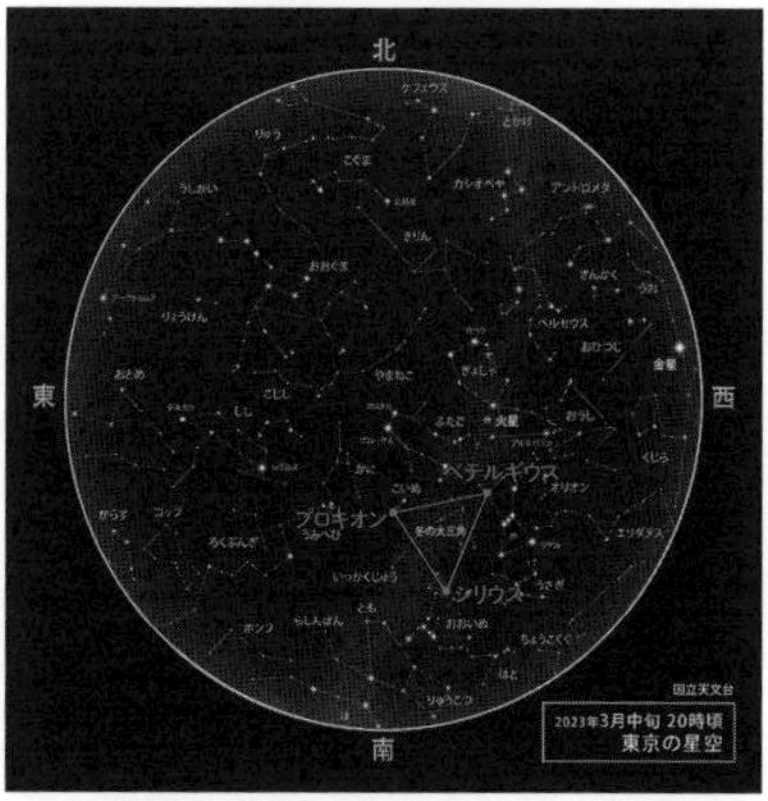

おおいぬ座の1等星シリウスとオリオン座の1等星ベテルギウス、こいぬ座の1等星プロキオンを結んでできる三角形のこと。西の空で3つ並んで光る星（オリオン座のベルト部分）の近くで見つけることができる。11月中旬から東の空に、3月下旬に西の空に見ることができる。

実際に見ることができる星の数は3000個

夜空に瞬く星は、金星や火星などの惑星以外は、すべて自ら発光している恒星です。天の川銀河の恒星の数は2000億個以上といわれていますが、それらすべてを見ることができるかというと、そうではありません。

前項で星には明るさに違いがあることはお話ししました。星はその明るさによって等級がつけられています。いちばん明るい星が1等星で、数が大きくなるほど暗くなっていき、**私たちが肉眼で見ることができるのは6等星まで**とされています。

1～6までの等星は、約2・5倍ずつ明るさの差があり、1等星と6等星では明るさの比が100倍になるよう定義されています。

1等星より明るい0等星という星もありますが、これらをあわせてその数はわずか21個しかありません。数が大きくなるほど星の数も増え、1～6等星までで約8600個といわれています。

ただし、地平線より下にある星は見ることができないので、見ることができるのはその半分となります。さらに、地平線の近くはもやなどによって見えないので、**実際に見ることができる星の数は3000個ぐらい。**

とはいえ、6等星などは天候によっては見えづらい場合もありますし、都会で夜中でも空が明るい場所では見える星の数はかなり少ないでしょう。

星座のなかでいちばん明るい星はおおいぬ座のシリウスです。シリウスは冬の大三角の1点にあります。余談ですが、いちばん明るい星であるシリウスですが、金星の明るさはシリウスの約20倍もあります。

星座のなかに明るい星が多いのはおうし座やオリオン座です。

星座を見つけるときのランドマークとして、明るい星を押さえておくのもひとつの方法です。

なによりも、**星座の観測には慣れも必要**です。1年を通して季節ごとに定期的な観測で基本の星座を見つけることに慣れてくると、ほかの星座も探しやすくなります。

◎季節によって見える星座が違う理由◎

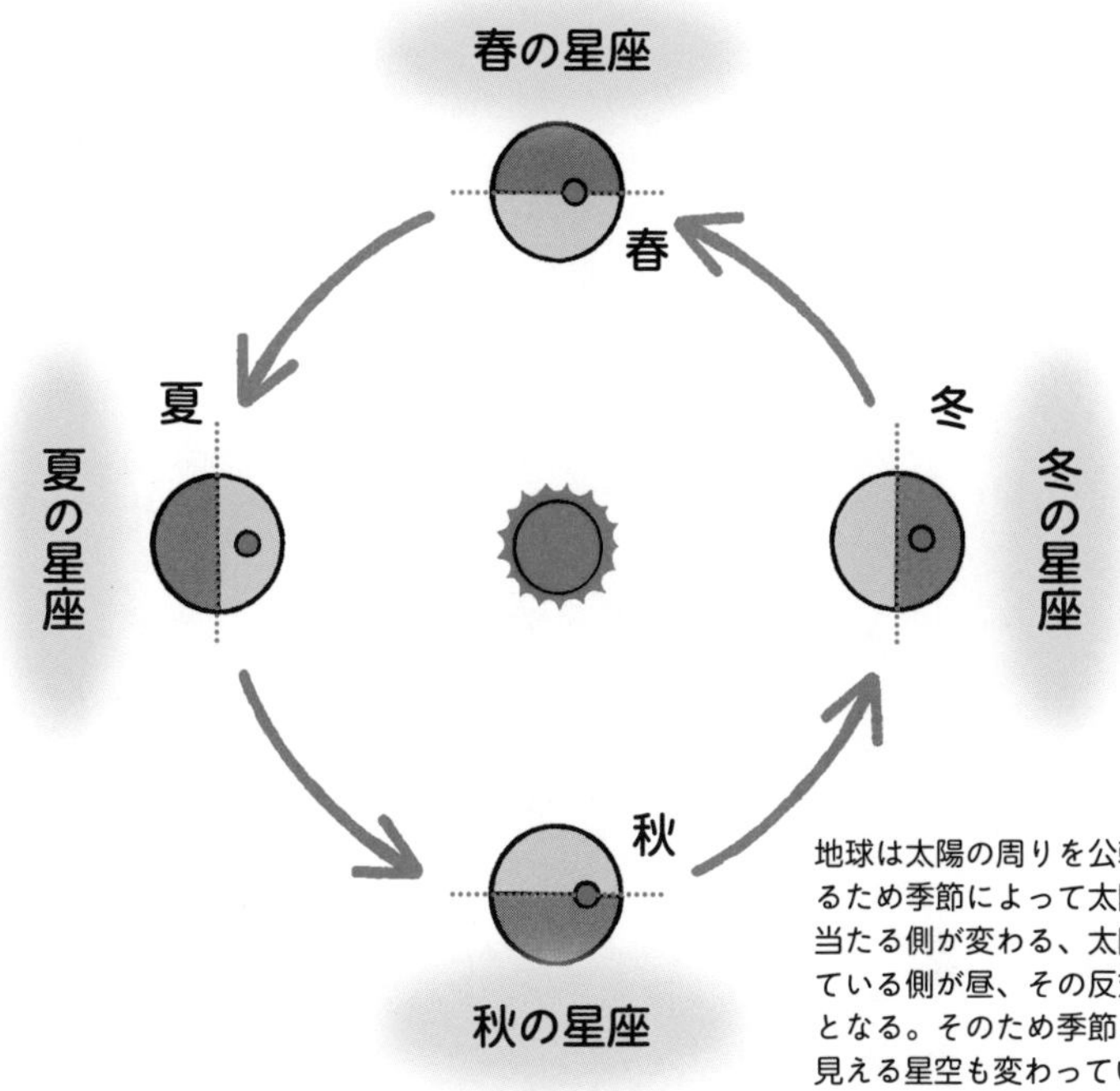

地球は太陽の周りを公転しているため季節によって太陽の光が当たる側が変わる、太陽に面している側が昼、その反対側が夜となる。そのため季節によって見える星空も変わっていく。

季節ごとに見えやすい8つの星座

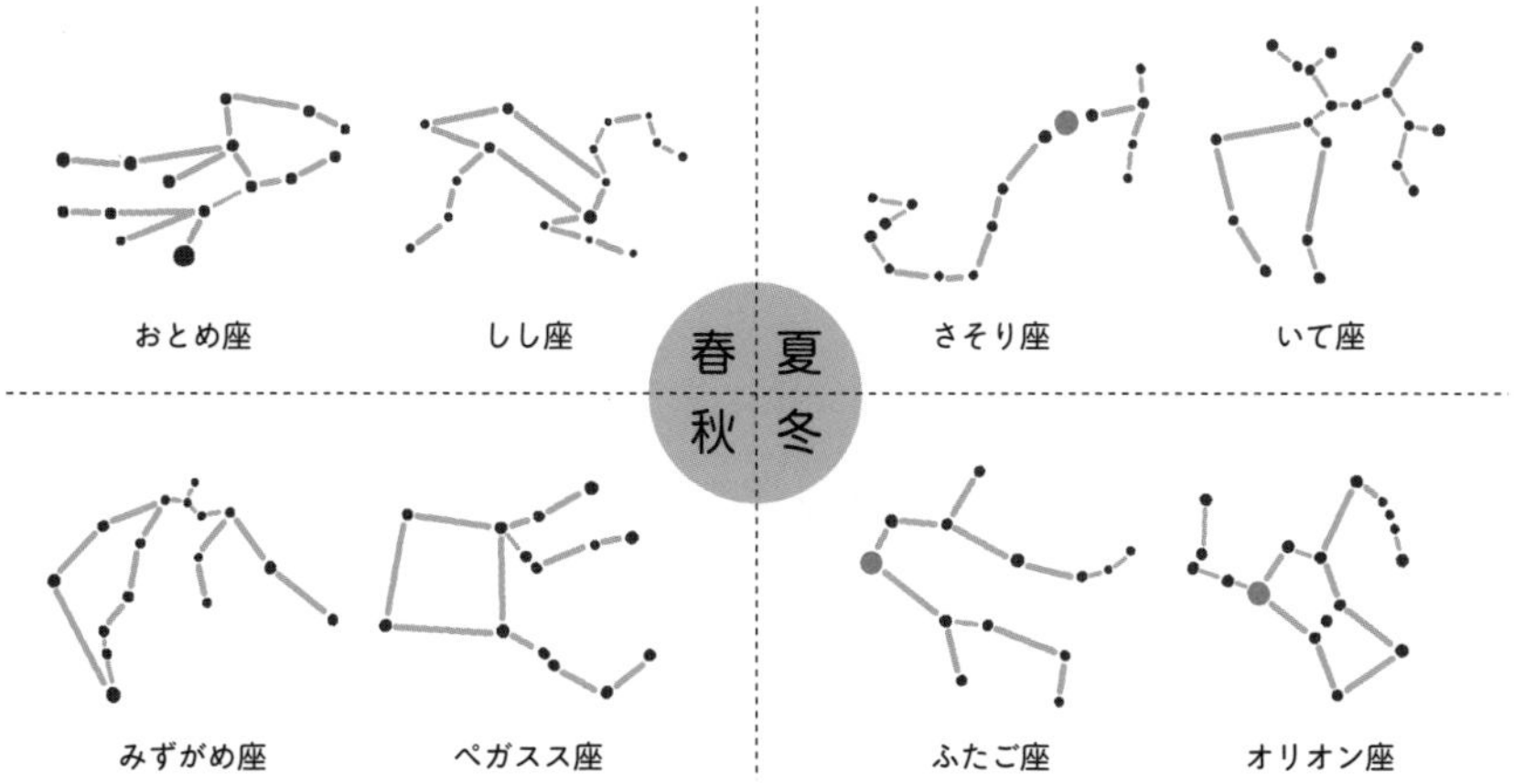

58 地域や場所によって見える星座は違うの？

▼日本からまったく見えない星座もある！

地球の上から星空を見ると、地平線が天球の半分を隠してしまいます。

北半球にいる私たちの視線で地球を真横から見た図を想像してみてください。北極にいる人の天球の真上は天の北極です。反対に南半球の人たちは、北半球から考えると逆さまの位置にいます。南極の人たちの天球の真上は、天の南極になります。

東や西の空は、北からも南からも角度の違いはあるにしても見ることはできますが、**真南、真北の空が反対側の半球から見えない**ことは想像できますね。

先に、現在、88の星座が国際天文学連合によって星座として定められているとお話ししましたが、**南半球の天の南極に位置する、カメレオン座、テーブルさん座、はちぶんぎ座、ふうちょう座の4つの星座は北半球からはまったく見ることができません。**

けれども、緯度によって天球の見える位置は少しずつずれるので、北半球からでも完全ではないにしても、南半球の端の星座や星座の一部が見える場所もあるのです。

たとえば、南半球の南十字星は東京からはまったく見えませんが、鹿児島からは一部が、那覇ではぎりぎり、マニラでは全部を見ることができます。

南半球では、季節も冬と夏が北半球と逆ですが、天体の動きも北半球と異なります。

太陽が東からのぼり西に沈むのは同じですが、動く方向が逆で、北半球では、南の空を左から右へと移動する太陽が南半球では、北の空を右から左へと動くのです。

◎日本では見ることができない星座◎

日本は南北に長いため、場所によって見える星座の範囲が違う。北海道では見ることができないが、沖縄では見ることができる星座もある。たとえば北海道ではさそり座は南端までしか見ることができないが、沖縄の石垣島ではみなみじゅうじ座を見ることができる。一方で、日本のどの地域からも全体を見ることができない星座もある。それは以下の南天の星座のなかの９つの星座である。

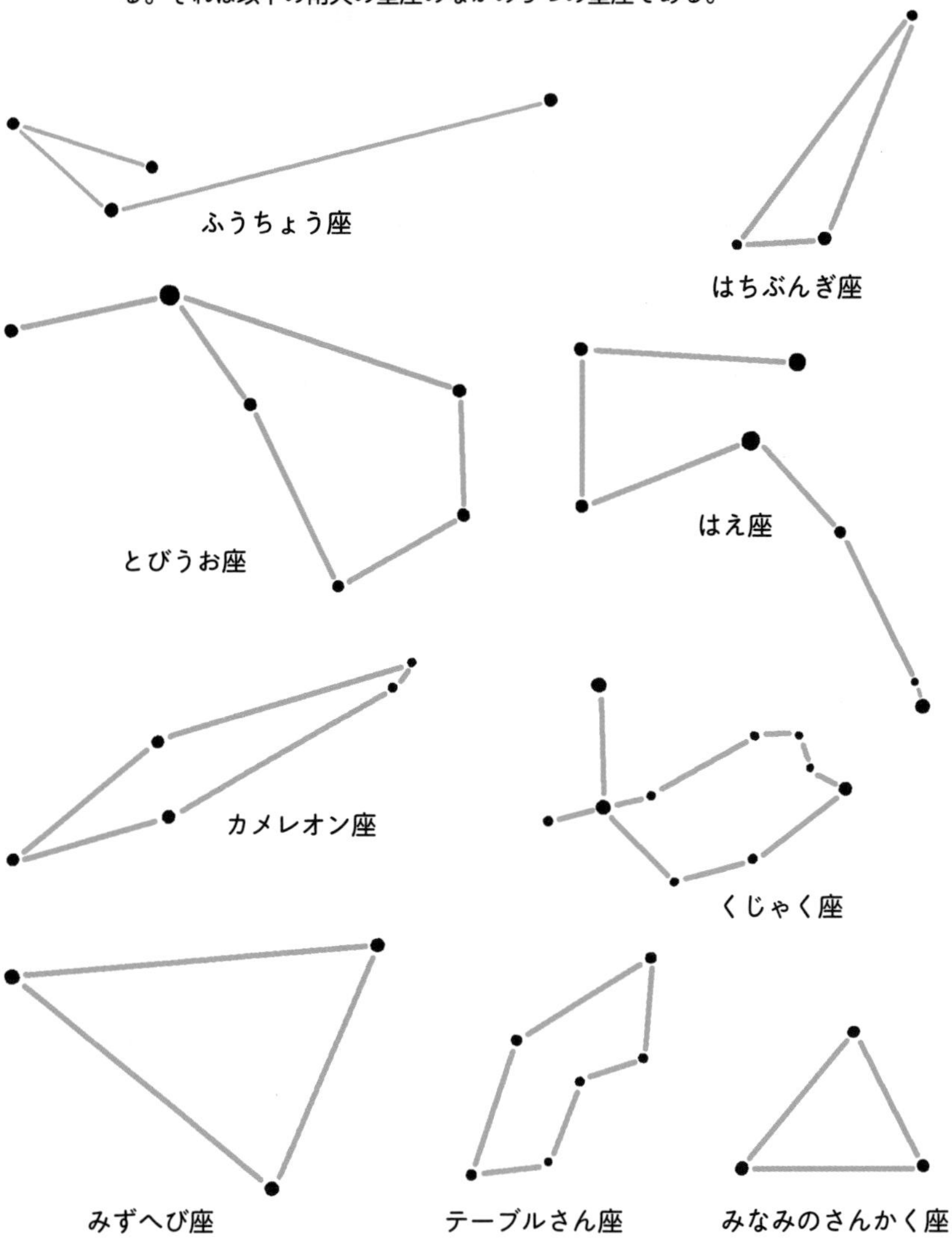

59 物語によく出てくる北極星ってどんな星？

▼古くから方角を知る目印として使われてきた星

星は毎日その位置を変えると説明しましたが、**「北極星」はいつも真北にあり、北の方角を教えてくれる星として昔から利用されてきました。**

実は**北極星は特定の星の名前ではなく、天の北極のもっとも近くで明るく輝く星を表す意味でつけられた名称**のようなものです。

「天の北極」というとわかりにくいかもしれませんが、地球の軸を北の方向にのばして天球（夜空の全体～プラネタリウムで見る空のイメージ）と交わった点が天の北極で、地球の回転軸が天球と交差する空の2つのポイントの1つです。

つまり、北極星は地球の自転軸にもっとも近い星のことで、この星がいつも位置が変わらず動かないように見えるのは、地球の自転軸の延長線上にあるからです。

現在の北極星はこぐま座α星、ポラリスという星ですが、2等星の恒星で、大きさは太陽の約30倍だといわれています。

現在の、と書きましたが、**実は北極星は長い歴史上、交代してその役割を担っている**といわれています。

地球は、太陽や月、惑星の引力によって、傾いている地軸を引き起こそうとする力が働くために起こる「歳差《さいさ》運動」を行っています。その運動によって地球の回転軸は勢いの落ちたコマの芯棒のように円を描くように回るため、ゆっくりと少しずつ方向を変えていっており、地軸にいちばん近い、北極星の役割を担う星も数千年の周期で変わっているのです。

とはいっても、変化は数千年単位ですから、いまを生きる私たちにとって、北極星はポラリスといって間違いはありません。

◎北極星とは◎

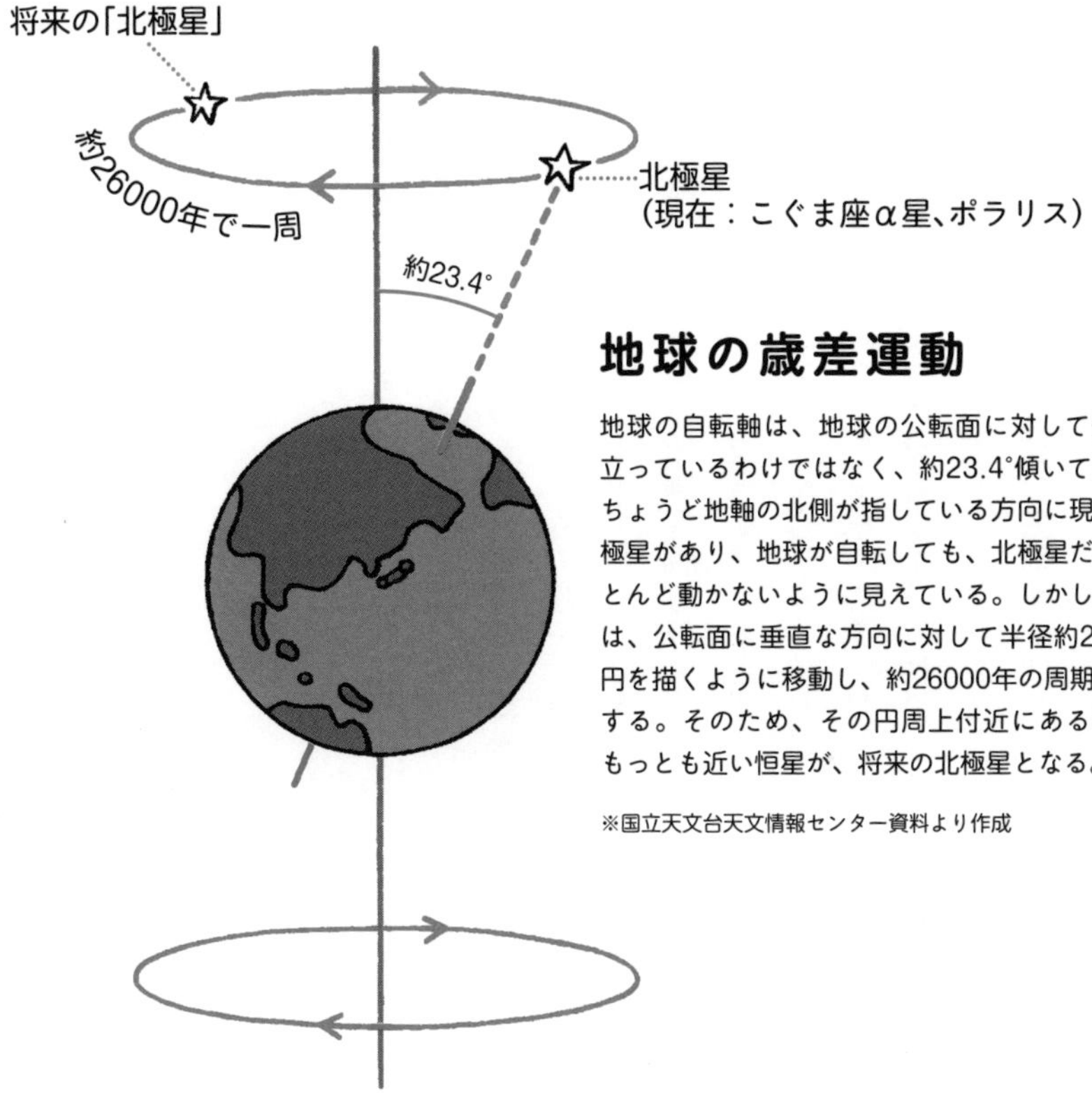

地球の歳差運動

地球の自転軸は、地球の公転面に対して垂直に立っているわけではなく、約23.4°傾いている。ちょうど地軸の北側が指している方向に現在の北極星があり、地球が自転しても、北極星だけはほとんど動かないように見えている。しかし、地軸は、公転面に垂直な方向に対して半径約23.4°の円を描くように移動し、約26000年の周期で一周する。そのため、その円周上付近にある地軸にもっとも近い恒星が、将来の北極星となる。

※国立天文台天文情報センター資料より作成

北極星の変遷

かつて「北極星」だった星々は以下の通りとなっている。

年代	「北極星」となった星
紀元前12000年ごろ	こと座α星
紀元前10000年ごろ	ヘルクレス座ι星
紀元前7700年ごろ	ヘルクレス座τ星
紀元前5300年ごろ	りゅう座ι星
紀元前3000年ごろ	りゅう座α星
紀元前1100年ごろ	こぐま座β星
西暦500年〜現在	こぐま座α星

60 流星群を見るコツは？

▼活動が活発な時期と流星の放射点をチェック

流れ星は、彗星が太陽に近づいて氷が溶け、放出された微粒子などのちりの粒が地球の大気に飛び込んで燃えて光を放ちます（96ページ参照）。

彗星から放出されたたくさんのちりは、その彗星の軌道上に密集し、帯をつくります。その**彗星の軌道を地球が横切るとき、まとめて数多くのちりが地球の大気に飛び込んでくるため、毎年決まった時期に特定の流星群が観測される**のです。

地球の軌道と彗星の軌道が交差しているところでは、ちりの粒は地球に平行に飛び込んで流れ星になります。地上から見ると、それらの流れ星がある方向から飛び出すように見えます。流れ星が飛び出す中心となる点を放射点と呼んでいます。ちなみに、放射点はその流星群の名前がついた星座の方角になります。

流星群の出現は数日間続きますが、その期間で**いちばん活発になるピークがあり、その日を「極大日」、もっとも出現数が多くピークとなる時間を「極大時刻」といいます。**

流星群を見るコツは、流れ星の出現数が多い極大日と極大時間を確認し、その前後の時間に地平線上に放射点がある時間帯を狙うことです。

また、流星群は主なものだけでも10以上ありますが、「しぶんぎ座流星群」、「ペルセウス座流星群」、「ふたご座流星群」という流れ星の出現数の多い「3大流星群」の観測がおすすめです。なかでも**ペルセウス座流星群は極大時刻には1時間に30〜60個とたくさんの流れ星が観測できます。**

ほかにも何年かの周期で活動する流星群もあり、流星群の名前や出現時期、極大日などは国立天文台のＨＰなどで確認することができるのでチェックしてみましょう。

◎流星群を観測する◎

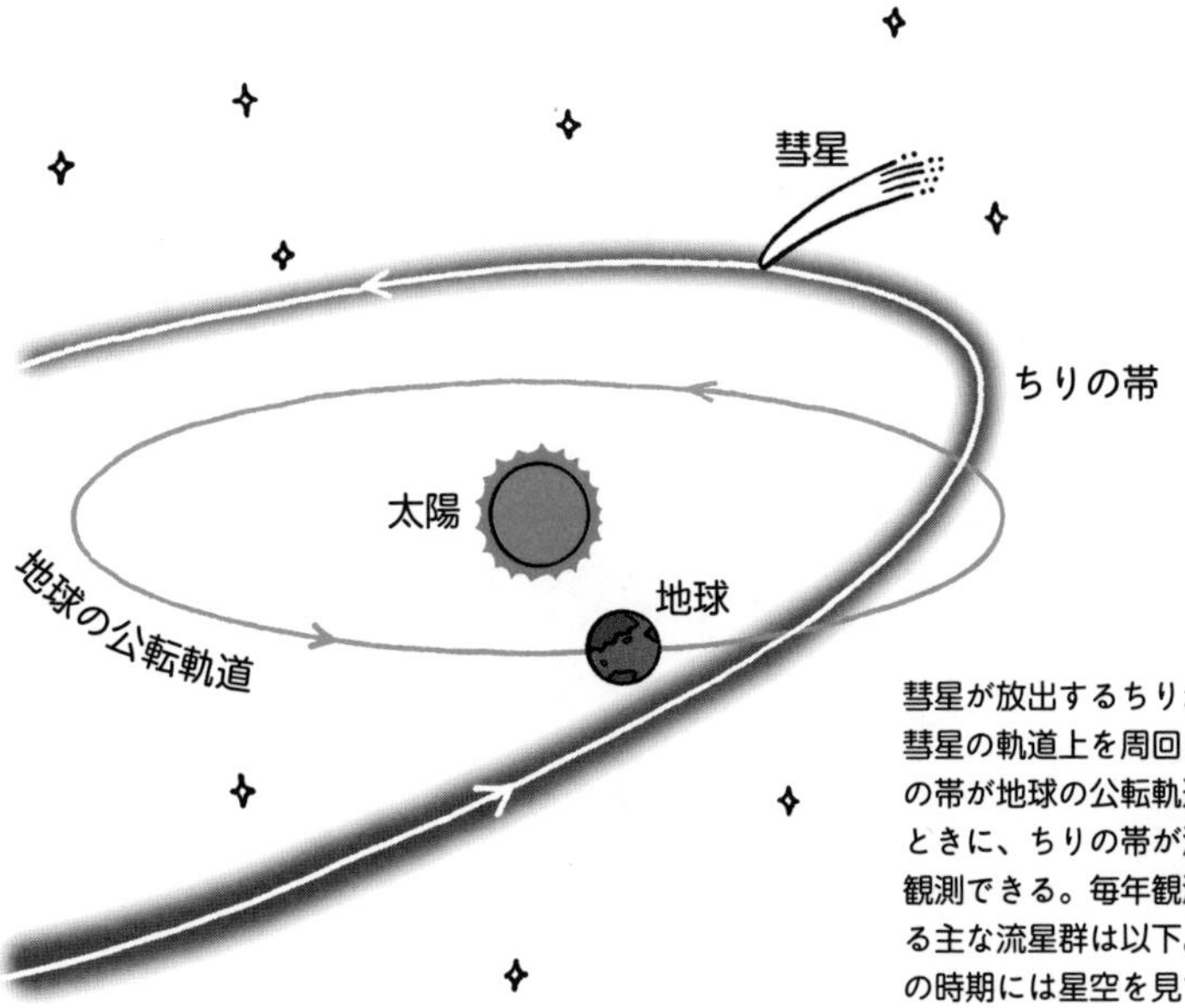

彗星が放出するちりが帯となって彗星の軌道上を周回している。その帯が地球の公転軌道と重なったときに、ちりの帯が流星群として観測できる。毎年観測が期待できる主な流星群は以下。流星群出現の時期には星空を見てみよう。

毎年観測が期待できる主な流星群

流星群名	流星出現期間	極大	極大時1時間あたりの流星数
しぶんぎ座流星群	12月28日 ～1月12日	1月4日ごろ	45
4月こと座流星群	4月16日～4月25日	4月22日ごろ	10
みずがめ座η流星群	4月19日～5月28日	5月6日ごろ	5
みずがめ座δ南流星群	7月12日～8月23日	7月30日ごろ	3
ペルセウス座流星群	7月17日 ～ 8月24日	8月13日ごろ	40
10月りゅう座流星群（ジャコビニ流星群）	10月6日 ～ 10月10日	10月8日ごろ	5
おうし座南流星群	9月10日 ～ 11月20日	10月10日ごろ	2
オリオン座流星群	10月2日 ～ 11月7日	10月21日ごろ	5
おうし座北流星群	10月20日 ～ 12月10日	11月12日ごろ	2
しし座流星群	11月6日 ～ 11月30日	11月18日ごろ	5
ふたご座流星群	12月4日 ～12月17日	12月14日ごろ	45

※国立天文台資料より。
※出現期間は必ず流星群が見られる期間ではなく、天候などで見えない場合もある。
※極大時１時間あたりの流星数は理想的な条件下で換算した出現数なので、必ずこの数が見えるとは限らない。

61 星空観測にはどんな望遠鏡があるといい？

▼なにを見たいかで選ぶ望遠鏡は違う！

気軽に星を見てみたいだけなら、双眼鏡でも広い視野で星空を見ることができます。

けれどもより詳しく天体をを観測したいのであれば、天体望遠鏡がおすすめです。

天体望遠鏡であれば、倍率を変えることで、肉眼ではぼんやりとしか見えない天体も、表面の模様までしっかり見えるものもあります。

天体望遠鏡には対物レンズで光を集め、屈折して像をつくる仕組みの「屈折式」、凹面鏡で集めた光を内部の斜鏡に反射させて接眼レンズで拡大する仕組みの「反射式」、レンズと鏡を組み合わせて集光する仕組みの「カタディオプトリック式」という大きく3つのタイプがあります。

屈折式が初心者の方にも扱いやすく、反射式は暗い星まで本格的に観測でき、遠くの惑星や暗い星雲などの観測にも対応できます。カタディオプトリック式は、中～上級者向けです。

天体望遠鏡を選ぶ際には、どんな天体を見たいのかで違ってきます。

たとえば、月全体を見るのであれば小口径で50倍以下の天体望遠鏡で月全体を視野いっぱいに見ることができます。月表面にあるクレーターや月の海を見たいなら100倍くらいの倍率まで対応する中口径の望遠鏡がよいでしょう。月の小さな起伏や裂け目など細かい部分、土星や金星などの惑星も観測したいなら、土星の環や木星の縞まで見られる150倍以上の倍率もおすすめです。

また、なにを見たいかだけでなく、固定して置いておくのか、持ち運びするのかなど、天体観測をどこで行うのかによっても、大きさ、重さなどのポイントは変わります。

まずはなにをどこで見るのかを決めましょう。

◎天体望遠鏡のしくみ◎

屈折式天体望遠鏡

屈折式ー対物レンズで光を集め像をつくる。観測対象の方向に向かって覗くため、目標を見つけやすい。 鏡筒内の空気の動きが少ないため視界の像が安定しやすい。ただし、やや重い。

架台の種類

架台には、鏡筒を水平と垂直の２方向に動かして天体を捉える経緯台と、地球の自転に合わせて天体を追うことのできる赤道儀がある。経緯台は軽量で組み立てやすい。赤道儀は長時間の観測に向いている。

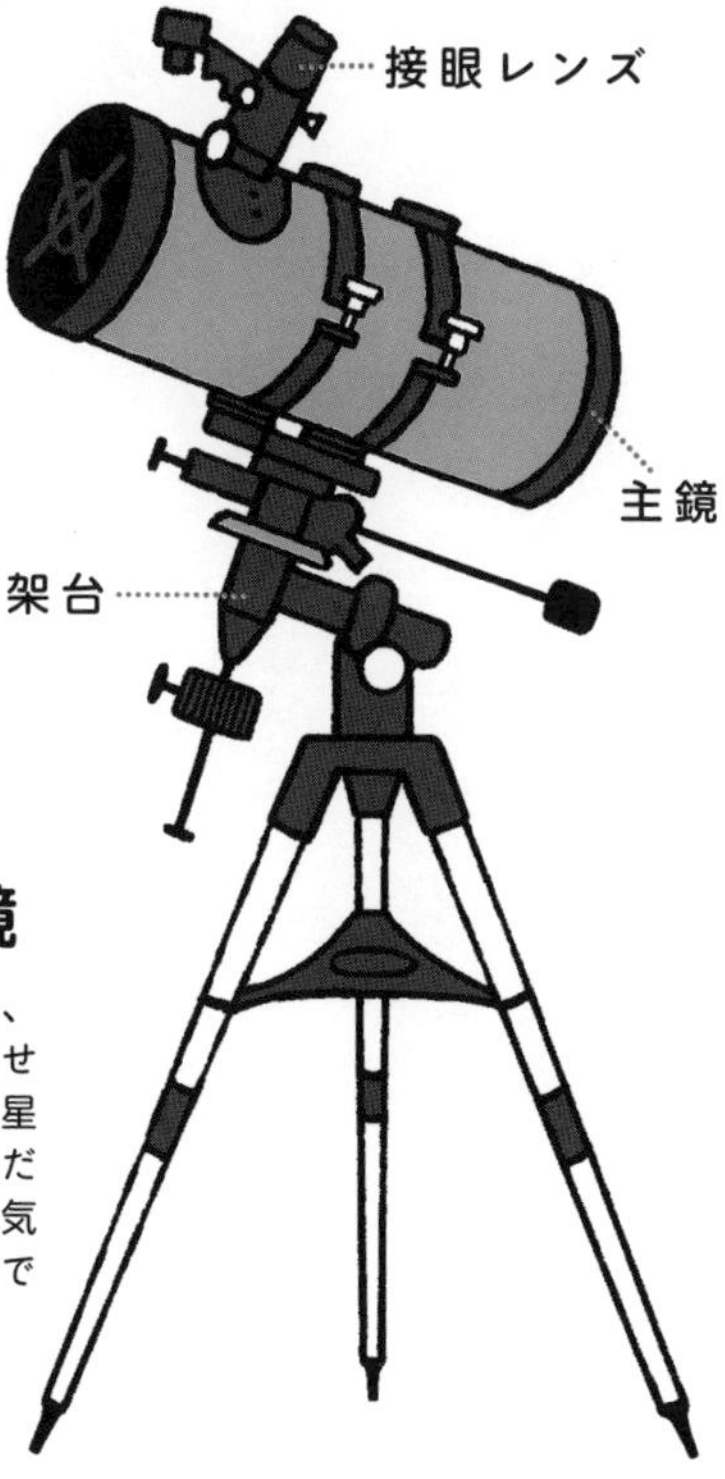

反射式天体望遠鏡

反射式ー反射鏡（凹面鏡）で光を集め、斜鏡で反射させ、接眼レンズで拡大させる望遠鏡。屈折式に比べて大型で特に星雲・星団など暗い天体の観測向き。ただし、外気との気温差によって鏡筒内に気流が発生することがあり、観測するまでに少し時間がかかる場合も。

宇宙Column

何億光年も先にある宇宙をどうして見ることができるのか

「何億光年先の天体の観測に成功」といったニュースを耳にすることがあります。近年では、観測技術が格段に進歩し、宇宙についての新たな発見についてのニュースを耳にするようになりました。

では、なぜ何億光年も離れた宇宙を観測することができるのでしょう。

私たちが物を見ることができるのは光があるからです。それは宇宙の天体も同じで、天体からの光を受け止めて観測することができるのです。

光の速さは秒速30万キロメートルで、1秒間に地球を7回半回ります。すごく速いと感じますが、無限の広さをもつ宇宙では、天体から地球まででがあまりにも遠いため、天体からの光が地球に届くまでにはかなりの時間がかかります。

天文学の1光年という単位は、光が1年間に進む距離ということです。ですから、たとえば1万光年離れたところにある星の光は、1万年前に天体から発せられた光ということです。

つまり、今、私たちが目にしている星の光は、すべてその光が発された過去の姿なのです。しかし、過去の宇宙の姿を観測することで、宇宙の起源を探るヒントを見つけることができるかもしれません。だからこそ、世界中の天文学者はより遠くの天体を観測しているのです。

宇宙の観測は、宇宙空間に設置された宇宙望遠鏡と地上に設置された地上望遠鏡にて行われます。

宇宙望遠鏡はハッブル宇宙望遠鏡が有名ですが、最近ではアメリカが2021年に打ち上げたジェームズ・ウェッブ宇宙望遠鏡が大きな話題と

© 国立天文台

国立天文台ハワイ観測所が運営するすばる望遠鏡は大型光学赤外線望遠鏡としては世界でいちばん大きな地上望遠鏡のひとつ。

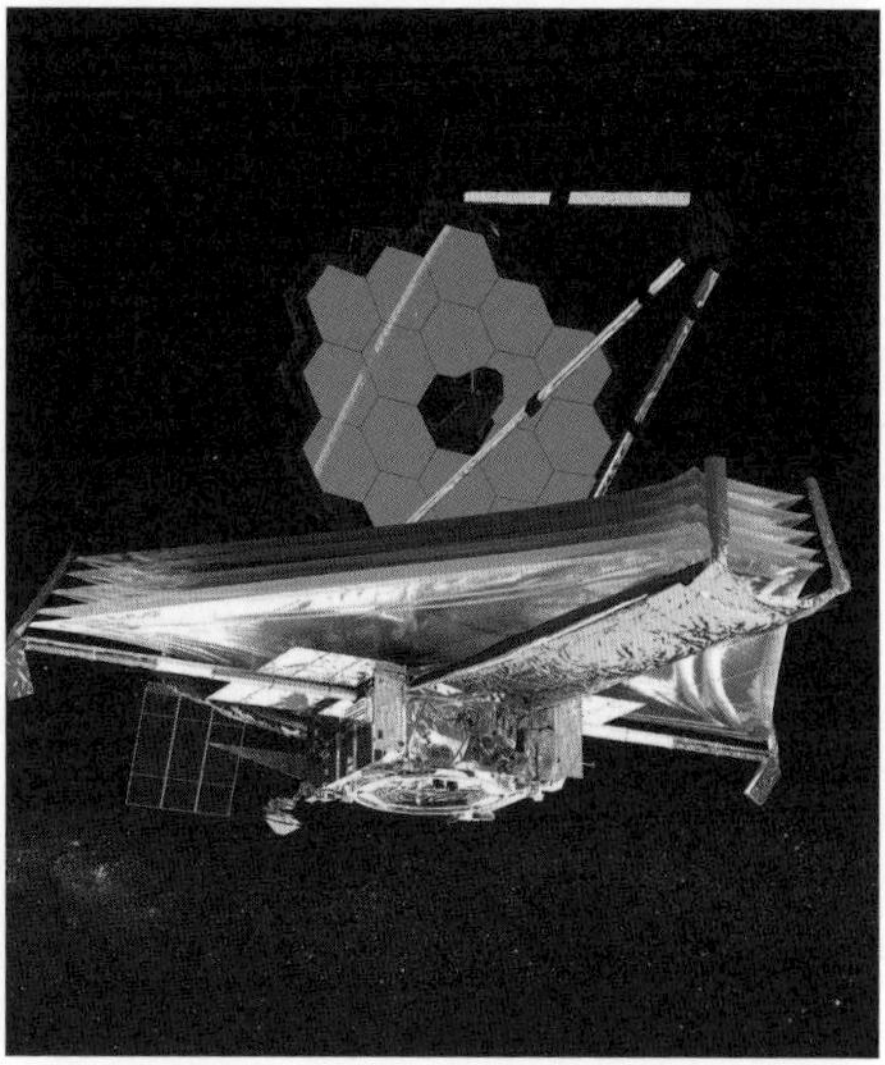

ジェームズ・ウェッブ宇宙望遠鏡（JWST）のイメージ図。地球から約 160万キロメートル離れた太陽の周りを周回する赤外線天文台。

© NASA GSFC/CIL/アドリアナ・マンリケ・グティエレス

なっています。宇宙望遠鏡のメリットは、地球の大気の揺らぎに影響を受けない点にあります。地球の大気は宇宙観測には邪魔になるのです。

ただ、最近の地上望遠鏡は、大気の揺らぎを補正することができるようになっています。日本の国立天文台ハワイ観測所が運営するすばる望遠鏡もこの技術が用いられています。すばる望遠鏡の主鏡は口径8.2メートルもの世界最大級の滑らかな一枚鏡で、望遠鏡が光を集める能力は人の目と比べると100万倍以上です。それだけ遠くの微弱な光をも集めることができ、より細かいところまで見ることができます。

すばる望遠鏡が達成する最高分解能を視力にたとえると1000以上にもなり、これは、富士山頂に置いたコインを東京都内から見分けられるほどの視力です。またいくつもの地上望遠鏡を連動させて、ひとつの大きな望遠鏡として機能させる方法もあり、138ページで説明したブラックホールの影の撮影もこの方法を用いています。

監修者紹介

渡部潤一（わたなべ　じゅんいち）

1960年、福島県生まれ。1983年、東京大学理学部天文学科卒業、1987年、同大学院理学系研究科天文学専門課程博士課程中退。東京大学東京天文台を経て、現在、国立天文台上席教授。総合研究大学院大学教授。国際天文学連合副会長。太陽系天体の研究のかたわら最新の天文学の成果を講演、執筆などを通してやさしく伝え、幅広く活躍している。主な著書は、『最新 惑星入門』（朝日新書）、『面白いほど宇宙がわかる15の言の葉』、『新しい太陽系』（新潮新書）など多数。

参考文献
●『別冊　ニュートンムック　宇宙誕生から時空を一望する宇宙図』(ニュートンプレス)
●『別冊　ニュートンムック　太陽系の成り立ち　誕生からの1億年』(ニュートンプレス)
●『別冊　ニュートンムック　地球と生命　46億年のパノラマ』(ニュートンプレス)
●『宇宙ってこんな！』金子隆一監修(日本文芸社)
●『ぜんぶわかる宇宙図鑑』渡部潤一監修(成美堂出版)
●『宇宙の大地図帳』渡部潤一監修(宝島社)
●『知識ゼロからの宇宙入門』渡部好恵著　渡部潤一監修(幻冬舎)
●『宇宙最新情報完全解説』渡部潤一監修(笠倉出版)
●『宇宙はなぜこんなにうまくできているのか』村山斉著(集英社インターナショナル)
●『宇宙ロマン』渡部潤一監修(ナツメ社)
●『宇宙のすべてがわかる本』渡部潤一監修(ナツメ社)ほか

眠《ねむ》れなくなるほど面白《おもしろ》い

図解《ずかい》プレミアム　宇宙《うちゅう》の話《はなし》

2023年12月1日　第1刷発行
2024年11月1日　第3刷発行

監修者　渡部潤一《わたなべじゅんいち》
発行者　竹村　響
印刷所　株式会社光邦
製本所　株式会社光邦
発行所　株式会社日本文芸社
〒100-0003　東京都千代田区一ツ橋1-1-1 パレスサイドビル8F
URL https://www.nihonbungeisha.co.jp/

Printed in Japan 112231117-112241017Ⓝ03(300070)
ISBN978-4-537-22171-8
編集担当・坂

※本書は2018年3月発行『眠れなくなるほど面白い　図解　宇宙の話』を元に、新規原稿・図版を加え加筆修正し、再編集したものです。